"十四五"职业教育国家规划教材

现代创新思维 DESIGN
十三五高等院校
艺术设计规划教材

居住与公共空间风格 元素 流程 方案设计 | 第 2 版

室内软装设计

项目教程

许秀平 + 编著

人民邮电出版社

北 京

图书在版编目（CIP）数据

室内软装设计项目教程：居住与公共空间风格、元
素、流程、方案设计 / 许秀平编著. -- 2版. -- 北京：
人民邮电出版社，2019.11（2024.7重印）
现代创意新思维·十三五高等院校艺术设计规划教材
ISBN 978-7-115-52474-4

Ⅰ. ①室… Ⅱ. ①许… Ⅲ. ①室内装饰设计－高等学
校－教材 Ⅳ. ①TU238.2

中国版本图书馆CIP数据核字(2019)第257182号

内 容 提 要

本书主要介绍室内软装设计的基本知识，帮助读者提高软装设计及概念方案制作的能力。本书内容共分两篇：第一篇为软装设计理论基础篇，包括软装的概念与发展趋势、软装设计师的职业素质与礼仪、软装设计风格、软装资源元素、软装排版方案的制作及设计禁忌和软装管理流程；第二篇为软装设计项目实战篇，包括居住空间软装设计和公共空间软装设计。本书内容全面，对各种风格的文化背景、典型元素、空间搭配等做了细致讲解，辅以丰富、典型的图例，使人一目了然。项目实施以概念方案的形式全面展示了设计过程和设计细节。本书给出的二维码中还包含了与内容相对应的扩展图集，以帮助读者更深入地理解设计内容。

本书适合作为高等院校、高职高专院校建筑装饰、环境艺术等专业软装设计、陈设设计课程的教材，也可供相关建筑装饰工程技术人员参考。

◆ 编　著　许秀平
　　责任编辑　桑　珊
　　责任印制　马振武
◆ 人民邮电出版社出版发行　　北京市丰台区成寿寺路 11 号
　　邮编　100164　　电子邮件　315@ptpress.com.cn
　　网址　https://www.ptpress.com.cn
　　北京印匠彩色印刷有限公司印刷
◆ 开本：889×1194　1/16
　　印张：13.75　　　　　2019 年 11 月第 2 版
　　字数：396 千字　　　2024 年 7 月北京第 11 次印刷

定价：79.80 元
读者服务热线：**(010)81055256**　印装质量热线：**(010)81055316**
反盗版热线：**(010)81055315**
广告经营许可证：京东市监广登字 20170147 号

本书全面贯彻党的二十大精神，以社会主义核心价值观为引领，传承中华优秀传统文化，坚定文化自信，使内容更好体现时代性、把握规律性、富于创造性。

室内软装设计是伴随着室内装修技术的发展而发展的。随着生活水平的提高，人们对生活品质有了更高的追求，对居住环境的要求也越来越高，变得更加注重美观与舒适。室内软装作为室内装修的一部分，也逐渐发展成为一个新兴的行业。但是，目前专业的软装设计人才非常紧缺，行业从业者的专业水平有待提升，迫切需要有专业的教材进行指导。本书是基于室内设计教育的特殊性、装饰行业人才需求的迫切性等因素编写的软装教材，旨在培养具有一定软装设计理念，同时具有软装搭配能力、创意设计能力、工艺实施能力的实用人才。

本书内容主要分为两个模块，即软装设计理论基础篇和软装设计项目实战篇。软装设计理论基础篇主要讲述软装的概念与发展趋势、软装设计师的职业素质与礼仪、软装设计风格、软装资源元素、软装排版方案的制作及设计禁忌、软装管理流程等；软装设计项目实战篇则主要针对居住空间软装设计与公共空间软装设计案例进行分析，介绍了概念方案制作的流程。本书在内容编写方面，力求细致全面、重点突出；在文字叙述方面，注意言简意赅、通俗易懂；在案例选取方面，强调了案例的针对性和实用性。

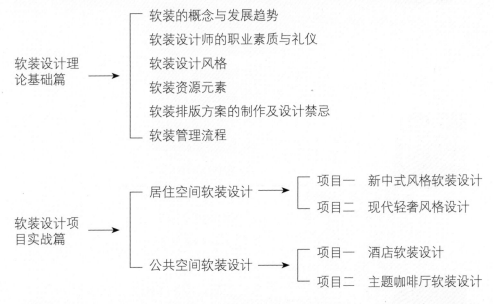

读者扫描本书中的二维码可获取与内容相对应的扩展图集，以帮助读者更深入地理解知识内容。另外，为方便教师教学，本书配备了相应的PPT课件及教学大纲等丰富的教学资源，任课教师可在人邮教育社区（www.ryjiaoyu.com）免费下载使用。

由于作者水平有限，书中难免有疏漏之处，敬请读者批评指正。

编者

2023年5月

目 录

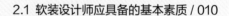

软装设计
理论基础篇

本篇知识要点:

- ◎ 软装的概念与发展趋势
- ◎ 软装设计师的职业素质与礼仪
- ◎ 软装设计风格
- ◎ 软装资源元素
- ◎ 软装排版方案的制作及设计禁忌
- ◎ 软装管理流程

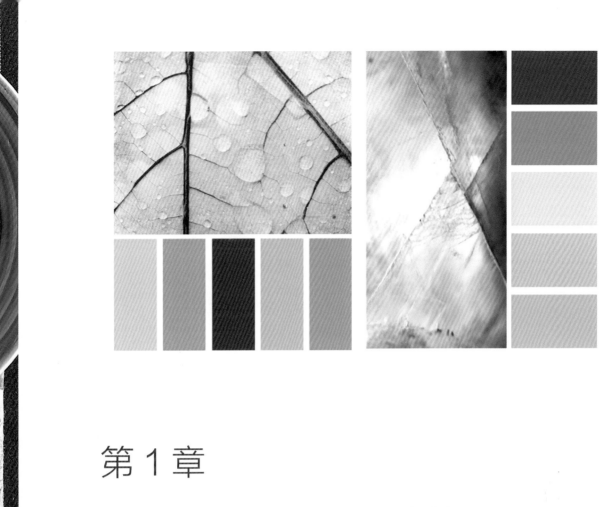

第1章

软装的概念与发展趋势
Concept and trend of soft furnishing

随着生活水平的提高，人们对生活品质有了更高的追求，软装正是为提高人们的生活品质而出现的，它是人们生活的一部分，是生活的艺术……

　　在多元化、便捷化的现代生活中，人们都希望能在大千世界中凸显自己的个性和品位。生活中的装饰和设计为人们创造着优美、舒适的环境，从窗帘、纱幔、家具到地毯都可以柔和、弱化、重组室内空间的棱角；工艺品的摆放能在不经意间流露出一种生活态度，彰显主人的品位和内涵；而色彩、灯光、材质的应用又能营造不同的室内氛围，表达主人丰富的情感。

　　软装就是针对特定的室内空间，根据空间的功能、历史、地理、环境、气候及主人的格调、爱好等各种要素，利用家具、灯饰、布艺、饰品、挂画、壁纸、花艺、绿植等各种软装产品及材料，通过设计、挑选、搭配、加工、安装、陈列等过程来营造空间氛围的一种创意行为。

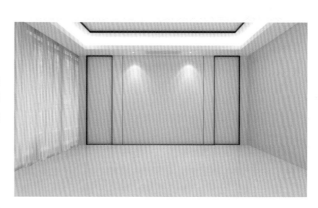

▶ 软装是在硬装的基础上进行的，首先要了解硬装的风格特征，在此基础上再进行软装搭配

◀ 在软装设计方案定稿后，先对家具、灯具进行摆场

▶ 家具、灯具摆场后再对布艺、饰品进行陈设，营造空间整体氛围

软装设计是一个系统工程，包括设计、采购、物流、摆场、现场验工等流程。

设计——▶采购——▶物流——▶摆场——▶现场验工

▲ 软装设计的流程

在国外，设计的后期工作大多是由室内设计师完成的，但由于国内室内设计行业起步较晚，设计重心基本在建筑与空间结构方面，无法满足许多因经济快速发展所产生的高端消费业主群体对室内软装的需求，因此我国的室内设计领域逐渐细分出来一个全新的行业，出现了一个新的名词——软装设计。

其实软装设计可以看作是室内设计的一部分。顺应市场需求，目前出现了许多脱离室内设计机构而独立存在的软装设计公司，但随着国内室内设计领域整体发展的加速，软装设计与室内空间设计的距离必然会越来越近，并将最终合为一体。

国内软装行业的发展态势主要有以下几点。

（1）现代化

现阶段在室内软装设计中已呈现出较高的现代化技术。新工艺、新材料在室内软装设计中不断涌现。新工艺、新材料的引入为室内设计中光、色、声以及形之间的配置实现了最优化，使形体、空间、色彩更为协调，体现室内软装设计的艺术性和现代性，使空间效果达到最优化

（2）个性化

个性化是各行各业发展的一个方向，也是现代社会发展的趋势所在。新生代家装软装将有更多的人追求自身个性，把自身想法融入到软装当中，从而将会涌现一大批原创化、主题化、个性化的软装风格

（3）品牌化

软装作为家具装饰中的细分品类，对比其他细分品类以往并没有很强的品牌化。随着行业及消费趋势不断发展，越来越多的人将会更注重品牌化，包括产品的品牌化以及设计的品牌化，其中自主品牌将会成为一种趋势。

（4）科技化

当今时代，人们更注重环保及健康，追求精致，舒适、美观。软装的材质方面也将会更加注重科技化，"黑科技"将成为强大的翅膀，新工艺，新产品，新材质会不断涌现。为了迎合消费者的需求，石墨烯、量子力学等科技成果将在软装行业当中发挥应用。

（5）时尚化

随着行业的不断发展，空间设计大赛，行业论坛、行业展会将会积极提供向上的力量，推动行业继续发展。行业规模的发展将会吸引更多时尚领域的人才加入到软装行业当中，迎合消费者对家居时尚的需求，同时也将引领更多的消费者了解当下时尚风潮。

第 2 章

软装设计师的职业素质与礼仪
Soft furnishing designer's professional quality and etiquette

每一种装饰风格背后都涵盖了各自国家和民族的风土人情、生活方式、文学艺术、行为规范和价值观念。优秀的设计师只有静下心来研究这些文化，经过岁月的积累和沉淀，才能慢慢融会贯通，创造出引领性的、好的生活方式……

2.1
软装设计师应具备的基本素质

一个优秀的软装设计师应该是复合型人才，需要把不同领域的专业知识合理地整合运用到软装设计中。

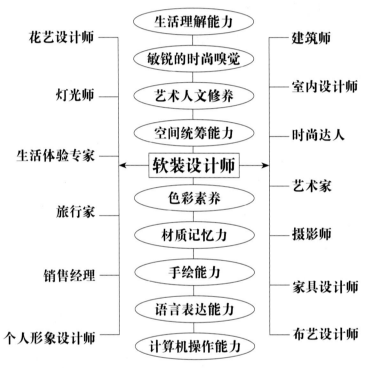

花艺设计师　　　　　　生活理解能力　　　　　　建筑师

灯光师　　　　　　敏锐的时尚嗅觉

　　　　　　　　艺术人文修养　　　　　　室内设计师

生活体验专家　　　　　空间统筹能力　　　　　　时尚达人

　　　　　　　　　软装设计师

旅行家　　　　　　色彩素养　　　　　　艺术家

　　　　　　　　材质记忆力　　　　　　摄影师

销售经理　　　　　　手绘能力　　　　　　家具设计师

个人形象设计师　　　　语言表达能力　　　　布艺设计师

　　　　　　　　计算机操作能力

▲ 软装设计师的基本能力和素质

1. 设计师应具备良好的个人形象和职业素养

设计师的设计是一种无形的产品，设计师其实就是在销售自己的创意，因此，良好的个人形象能够帮助设计师提升客户的信任度。设计师给人的第一印象对设计师来说非常重要，因此，设计师需要注重自己个人形象。另外，设计师还需要有一定的艺术修养，懂得不同地域的文化差异，清楚各种装饰风格的设计原理，并结合自己的生活体验，在作品中灵活把握各种风格的文化元素，同时需要有很强的版权意识，良好的职业道德和职业操守。

2. 设计师应拥有深厚的美学基础及专业水平

设计师要懂得发现美、创造美，设计师的专业水平也能给客户带来安全感。很多客户会在交谈时考究设计师的专业性，因此设计师要在与客户的交流中展示出自身的专业水平，或用熟练的手绘展示构思，或用专业术语描述硬装中需要改善的不足之处，这样才能时刻抓住客户的心理，让客户产生佩服甚至崇拜之感。

3.　设计师应具有时尚嗅觉

设计师需要具有设计情趣和好的感受力，努力做到多听、多看、多感受。当一个人的穿着打扮、家居装饰甚至生活习惯开始被大多数人模仿时，这种被模仿的形态就叫作流行，它能够带给人时尚的感受并受大多数人的欢迎。因此，在软装设计中添加一些受到客户欢迎的时尚元素，会大大提高客户对作品的满意度，最终带给客户更多正面的情绪影响。

4.　设计师应拥有良好的表达能力和交流沟通能力

大多数客户不具备优秀的审美能力，需要软装设计师拥有一定的交流沟通能力来引导客户发现美，纠正客户的错误感官理念，尽可能地使自己的设计构思不受质疑与修改，帮助客户确定最合适的装饰设计方案。

5.　设计师应懂得软装设计与硬装设计要完美结合

软装设计是室内设计过程的最后一个环节。软装设计不是独立存在的，它与硬装设计相辅相成。室内硬装设计师通过对客户意向的分析来确定一个设计主题，软装设计师需要做的是配合硬装设计师更好地营造这个主题的氛围，而绝不能孤立地去做软装搭配。

6.　设计师应了解装饰元素

软装设计师在设计一套装饰方案时，一般是根据设计主题来选择装饰材料和物品的。设计主题的想象是无形的，而材料和物品这些设计元素都是有形的，而且数量种类有限，需要设计师非常了解各种装饰材料和家居产品（只有当足够数量的装饰材料和家居产品的颜色、质感、规格、价格等特点印在设计师的头脑里，或是保存在计算机里以后，设计师在选择时才能迅速找到适合自己设计主题的相应产品和材料），有时甚至需要设计师对装饰材料的制作和生产工艺有一定的了解。只有对装饰元素有了充分了解，才能实现设计主题所指引的最终效果。

7.　设计师要能做出"漂亮"的设计

漂亮的设计能使客户对设计师做出最直接的肯定。当客户通过视觉刺激产生一些正面情绪的时候，才会情不自禁地说"漂亮""好看"。设计师可以通过色彩、层次、造型、光影等方面来加强视觉效果，从而引导客户的正面情绪。

8.　设计师应具备较强的市场营销能力

软装设计在很大层面上讲是一种市场营销。作为一名设计师，不仅要做好自己的设计方案，更应该懂得推销自己的设计。

9. 设计师应具备创新意识和工匠精神

创新是设计的灵魂，好的创新是一个设计方案的基石。因此，作为一个设计师，需要跳出思维的条条框框，将独特、新颖的方式方法运用于设计方案当中。同时，作为设计师，应具备"工匠精神"，对待设计方案要做到一丝不苟，精益求精。

10. 设计师应具备绿色环保意识

绿色环保已经成为现代家装当中不可阻挡的趋势。同时，追求绿色环保的设计也是设计师的社会责任。

11. 设计师应具备团队精神和协作能力。

一个设计方案往往不是由一个设计师独立完成的，而是整个团队共同努力的结果，整个项目完成需要团队内成员、部门之间的协作。另一方面，良好的团队协作也会给设计师的职业生涯提供很大的帮助。

2.2
东西方生活方式解读

东西方文化的整体态势是不同的。东方文化属于一种静态文化、家国文化，人与人之间的关系是东方文化关注的核心与基本问题。而西方文化则形成了以"争"为核心的文化思想观，以及以自然科学和科学研究为核心的文化发展观。总地来说，西方文化是突出细节、突出个体效果的文化模式。

1. 东方生活方式解读

（1）饮食文化

首先从客观上分析，东西方地域不同，气候类型不一样，导致食材上有一些差异。东方饮食以米面为主，肉食为辅。

其次，在餐桌礼仪上，受中华民族几千年的文化传统和儒、道、佛家的影响，中国的餐桌礼仪中有着"谦让"的意思，而且中国人注重团聚的氛围，就餐时，大家喜欢围坐在餐桌旁一起就餐，根据各自的喜好选取相应的饭菜，各取所需，因此中式风格的餐桌通常较多采用圆桌。

（2）茶文化

东方人喜欢喝茶，中国的茶文化源远流长，博大精深。历史上的茶文化注重文化意识形态，以雅为主。茶文化在形成和发展的过程中，融合了儒家、道家和佛家的哲学思想，并逐渐演变为各民族的礼俗。

中国人饮茶，注重一个"品"字。"品茶"这一行为除了能鉴别茶的优劣之外，也带有神思遐想和领略饮茶情趣之意。品茶的环境一般要求安静、舒适、清新、干净。

▲ 中国人喜欢大家围坐在一起享用桌上的美食，所以桌子中间基本上是用来盛放美食的，一般不需要太多装饰

▲ 自然型茶室主要用原木、绿植、砖、石等自然元素构成，整体环境休闲、自在，仿佛与大自然融为一体

　　茶室的设计，多以自然休闲为主，常用原木、石材等材质，利用地台、窗格等要素来烘托气氛。茶室的布置应与茶相关，既要舒适大方、具有审美情趣，又要展现其艺术氛围。一般茶室有以下4种类型。

　　①自然型。强调自然美，多以自然材质为主，如花草、竹藤、木头、石头等，旨在营造大自然的感觉。

　　②禅意型。设计多为素色，清雅而安静。

　　③文化型。这种类型注重文化特色，有较高的艺术感，常以茶具、书画、艺术品等作为装饰。

　　④仿古型。布置上多模仿明清样式，如摆放长条形茶几、八仙桌、太师椅、仿古品等。

▲ 文化型茶室的背景采用梦幻般的灯光处理，犹如一幅中国画。前面的搁架上陈设不同大小、形态的茶壶作为装饰，再加上鸟笼与花瓶的点缀，引人进入一种鸟语花香的意境之中

▲ 禅意型茶室利用低矮的家具、草编的垫子和木质的桌子，使环境清雅而带有淡淡的禅意

▲ 仿古型茶室多用仿古的八仙桌、太师椅，以书画、瓷器、书籍等为点缀，显得优雅而具有文人气息，特别适合文人居士喝茶、聊天

（3）瓷器文化

中国素有"瓷国"之称，"china"的原意就是指瓷器。瓷器以其独特的民族文化特色展现着中国悠久的历史。瓷器的造型和装饰，体现着中国不同时期的文化面貌。

瓷器图案精美、色彩丰富、工艺精湛，中国瓷器经过人们长期的实践和独特的创造，形成了特有的文化。

▲ 青花瓷

▲ 景德镇陶瓷

（4）丝绸文化

丝绸是东方文明的传播者和象征者，也是中国古老文化的象征。中国的丝绸业为中华民族文化编织了光辉的篇章。在古代，丝绸沿着"丝绸之路"传向欧洲，它所带去的不仅是一件件华美的服饰，更是东方古老而灿烂的文明。

▲ 丝绸桌旗

▲ 丝绸桌巾

我们的祖先不仅发明了丝绸，还使其在艺术、文化上散发出璀璨光芒。被称为中国三大名锦的四川蜀锦、苏州宋锦、南京云锦是丝织品中的优秀代表。

①丝绸布艺。丝绸文化承载着中国人文精神，一直受到人们的喜爱，丝绸面料的床上用品、靠垫、坐垫、桌旗、床旗等都是常用的家居装饰品。

②丝绸画、丝绸屏风也是装点居室时常用的，会使居室平添一种情调，也会让空间散发出古色古香的韵味。

▲ 丝绸靠垫

▲ 苏州的丝绣

▲ 丝绸屏风

2. 西方生活方式解读

（1）饮食文化

在西方文化中，人与人之间的界线十分明确，这也造就了西方餐桌礼仪之"不共享一盘食物"的原则。从食材上讲，西方多以肉类为主，以麦制的面包为辅。

西方人喜欢用餐叉。以前在英国，毛巾和洗手碟是必备之物。在古罗马时代，每位客人都带着自己的毛巾。这些餐桌上的文化一直传承到现在，也成为西式餐桌设计的重要元素之一。因此，西式的餐桌在布置上更为讲究。

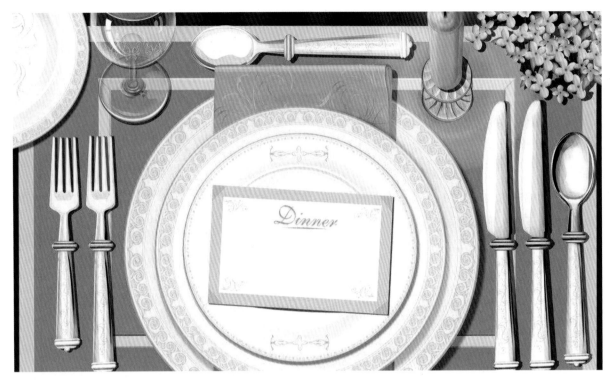

▲ 西式餐桌的布置示意

正式场合的西餐餐具摆放，首先是在距离桌边1英寸（2.54cm）的位置摆放盘子，盘子包括托盘、主菜盘和色拉盘，还会放餐巾和座位牌。餐盘的左侧放两把叉子，其中较长的是主餐叉，较短的是色拉叉，有时菜品不同也会使用不同的叉子。餐盘右侧放两把刀和两把匙，依次是主餐刀、前菜刀、茶匙和汤匙。餐盘前方依次是甜点叉和甜点匙。餐盘左前方是黄油盘和黄油刀，用来吃餐包，但需要注意的是餐包要用手撕，而不是用刀切，黄油也不是用刀切，而是用刀刮。另外，餐包适合在每道菜更迭的过程中吃，餐前或餐后吃会让他人觉得你很饿或没吃饱。餐盘的右前方是杯具，分别是喝水的水杯、红葡萄酒杯、白葡萄酒杯和香槟杯。咖啡杯和垫盘会在上甜品时呈上。

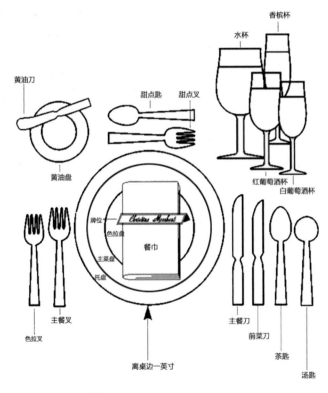

▲ 正式场合的餐具摆放礼仪

（2）红酒文化

西方特别是法国，比较注重红酒文化，其人民对于红酒颇有研究，红酒有着悠久的历史和文化。要了解红酒，首先就要懂得品酒礼仪，要懂得温度、醒酒、观色、闻香、品味等，对红酒有一定的鉴赏能力。其次，要了解红酒的储存，如储存的温度、湿度、避光方法、摆放角度、稳定性、防异味措施等，这在酒窖的设计中相当重要。再次，要懂得红酒与酒杯的搭配，如红葡萄酒适合用郁金香形高脚杯，白葡萄酒应当用小号郁金香形高脚杯，而香槟则可以用杯身纤长的直身杯或敞口杯。因此，在一些偏西方风格的软装设计中，营造一个温馨浪漫的品酒环境相当重要。除了酒杯之外，还应该配上适当的酒架、醒酒器及环境氛围等。

▲ 更多西式餐具

▲ 酒架与酒具

（3）香水文化

香水是一种技术产品，更是一种文化产品。法国是世界上最大的香水生产国。法国人用香非常讲究，每种香水都有其内涵和审美效果。选用香水要考虑使用场合、对象、季节、时辰、服饰、年龄等因素，要做到个人与他人相宜、场合与时辰相宜、浓淡相宜。嗅觉与情绪之间的密切关联能够使人在室内空间中营造独特标识，因此，家居香氛的设计也是实现装饰功能、塑造美好心情的关键。家居香水、熏香、香薰蜡烛都能为居室空间注入灵性。不同空间应选择不同的香。客厅可以摆放松针香、白麝香、香草等。松针香可以让人的心灵有舒展的感觉；白麝香能让人神经兴奋、通血活络，流香持久。书房里可以使用薰衣草、广藿香等，薰衣草可以安神，解除精神紧张，创造纯净、优雅的环境；广藿香也称"印度薄荷"，是一种具有东方神秘色彩的熏香，具有吉祥如意的含义。卧室适合摆放茉莉和玫瑰，这两种花香可以安抚不安定的情绪，去除焦虑忧愁，营造安静平和的氛围，玫瑰更是浪漫与爱情的象征，用在卧室最适合不过。

▲ 法国香水

▲ 熏香

2.3 中高端消费人群生活方式特点分析

　　现代城市的主流财富阶层形成了一种对高端生活精神追求的热潮，因此，那些顺应了现代财富阶层对精神家园的需求的豪宅产品，正引领着现代城市的高端居住新模式。

　　①中高端消费人群是一个勇于实现自我、追求时尚、注重品位的消费阶层。中国现在的消费阶层分化迅速，很多人期望自己能够进入更高的消费阶层，并得到该消费阶层的认同。

　　②中高端消费人群更容易深入地理解和把握时尚和流行的潮流，如对艺术、科技等较新鲜的东西，他们会自发地去学习、理解，从而充实自己，获得一种真正的心理满足。

　　③中高端消费人群坚持追求内涵。产品设计的重要使命不仅是创造企业利润，也是改善生活和提升品位，所以，尊重设计、倡导体验、注重感受的设计才能让国内的中高端消费人群享受到国际化的品位，丰富他们的审美感受。

▲ 时尚轻奢的设计风格已成为现阶段中高端消费人群选择的主流风格

第 3 章

软装设计风格
Soft furnishing design styles

那些易更换、易变动位置的家具、灯饰、窗帘、地毯、挂画、花艺、绿植、饰品等，在不同地域文化中相互组合，形成了各自独有的情调和风格……

软装设计风格是利用那些易更换、易变动位置的物品（包括家具、灯饰、窗帘、地毯、挂画、花艺、绿植、饰品等），根据不同的地域文化、人文生活和特有的建筑设计风格与相关的元素进行设计，从而形成的装饰装修风格。对于风格的划分没有特定的标准，根据各地的建筑风格和地域人文特点，可以简单地将其归纳为3类。

3.1
中式风格

1. 中国传统风格

中国传统风格是以宫廷建筑为代表的中国古典建筑的室内装饰设计艺术风格，其特点是气势恢弘、壮丽华贵、金碧辉煌，重视文化意蕴，造型讲究对称；图案以龙、凤、龟、狮等为主，精雕细琢、瑰丽奇巧；空间讲究层次，多用隔窗、屏风来分割；巧用字画、古玩、卷轴、盆景等加以点缀；吸取传统装饰"形""神"的特征，以传统文化内涵为设计元素，体现了中国传统家居文化的独特魅力。

▲ 从墙面装饰、隔断的设计到顶面的处理，都应用了传统雕刻元素，体现了浓浓的中国情

2. 新中式风格

新中式风格是中国传统风格在当今时代背景下的演绎，是在对中国当代文化的充分理解上的设计，而不是两种风格的合并或元素的简单堆砌。运用传统文化和艺术内涵对传统元素进行提炼和简化，从功能、美观、文化出发，将现代元素与传统元素相结合，以现代人的审美需求打造富有传统韵味的空间，对材料、结构、工艺进行再创造，可以让传统艺术通过现代手法得以体现。

▲ 新中式设计图集

▲ 圈椅的造型是传统的，材质却是现代的，椅子上黑白纹路的皮质靠垫和狐狸毛皮给空间增添了不少野性，同时和花鸟图案的墙纸形成了强烈的对比，使空间不但具有传统韵味，而且更加具有时尚感

▲ 简单、大方的家具组合，墙角的陶瓷花瓶、干花及墙上的竹子装饰，使空间显得安静，并带着浓浓的禅意

▲ 屏风一直是中式传统建筑中常用的构件，用现代材质与图案设计的屏风既有传统韵味，又不缺乏现代时尚，木质的家具又透着一些北欧的味道，设计大胆而创新

▲ 新中式风格既有传统的韵味，又具有现代简洁大方的特征，没有多余的装饰，使空间清爽温雅

▲ 榻榻米上摆放书卷状的条几，随意地摆放几个蒲团坐垫，条几上摆放插花，很有意境，加上传统书法的点缀，恰到好处地烘托了禅意新中式的氛围

▲ 青砖的墙，整木的桌子，棉麻的坐垫和靠枕，素雅的花瓶内插着一束果子，透出自然的味道，而鼓形的凳子和旁边的椅子又带有中国传统的味道，空间显得比较文艺，很有文人气息

3.　中式田园风格

中式田园强调的是"中国风"，如江南水乡的风格，室内采用大量的木结构装饰，室外则通过假山、水景、金鱼池等景致表现。在家具的选择上，应以纯实木为骨架，适当配以具有中国特色的图案，如陶瓷、竹子和中国象征性的图腾等，从而体现出中式田园所具有的自然、和谐。

▲ 家具都用实木制作，原木制作的柜架原始朴实、简单大方，加上周围的陶器饰品，以及桌上的陶瓷茶具与器皿，无不体现了中国田园式的生活方式

▶ 庭院中自然的石凳、砖块拼接的墙面以及具有中国特色的绿植——竹子的结合，使空间显得雅致清新

3.2
美式风格

美式风格是美国生活方式的体现，一般分为美式古典风格、美式乡村风格、美式现代风格、美式轻奢风格、美式西部风格和美式工业风格等。美式风格有欧罗巴的奢侈和贵气，又结合了美国大陆的不羁。

1. 美式古典风格

美式古典家具在欧洲风格的基础上融合了美国本土的风俗文化，其最大的特点是贵气、大气又不失自在和随意。家具的体积较大，舒适性强，牢固耐用且具有丰富的功能性。整体颜色看上去比较厚重、深沉，具有贵族气息。美式古典风格的这些元素既有文化感、贵气感，也不缺乏自在感与情调。

▲ 美式古典风格

▲ 板岩色的实木家具具有质朴的纹理，条纹的布艺沙发及随意搭放的布艺能够给人带来几分悠闲与舒适

2. 美式乡村风格

　　美式乡村风格提倡回归自然，追求悠闲、舒适、自然的田园生活情趣，常用一些天然材质（如木头、石头、藤、竹等）质朴的纹理创造出自然、简朴、高雅的氛围。同时，美式乡村风格有务实、规范、成熟的特点，以享受为最高原则，在面料及沙发的皮质上强调舒适度。布艺是美式乡村风格中主要运用的元素，色彩上以淡雅的板岩色和古董白居多，外观雅致休闲。

▲ 木质与布艺的结合简朴而悠闲，低调的木质吊灯更增添了几分田园生活的自然情趣

3. 美式现代风格

美式现代风格是建立在对古典的新认识上的，强调简洁、明晰的线条和优雅、得体、有度的装饰，给人的感受是低调而大气。

▲ 美式现代风格

4. 美式轻奢风格

美式轻奢风格体现了业主丰富的生活经历积累起来的对艺术品位的追求，比美式其他风格增加了一种时尚感，正好迎合了时下一部分中高端消费人群对生活方式的追求，既有文化感、贵气感，又不缺乏自在感、时尚感和情调。

▲ 美式轻奢风格

5. 美式西部风格

美式西部风格是美国西部乡村的生活方式演变到今日形成的一种风格，它在古典中带有一点随意，摈弃了过多的烦琐与奢华，兼具古典主义的优美造型与新古典主义的功能配备。

▲ 美式西部风格

6. 美式工业风格

美式工业风格起源于19世纪末的欧洲，那个年代的美式工业风不仅提倡使用质地轻巧、不易生锈的家具，而且崇尚实用、价廉。美式工业风格的特征是家具饰品多为金属结合物，还有焊接点、铆钉等公然暴露在外的结构组件，在设计上又融入了更多装饰性的曲线。

▲ 美式风格图集

▲ 美式工业风格

3.3
法式风格

　　法式风格具有浪漫的色彩，布局上突出了轴线的对称，气势恢宏，高贵典雅。装饰艺术风格在家具的设计方面得到了最集中的体现，细节处理上注重雕花、线条，制作工艺精细考究，庄重大方、典雅气派。家具的线条柔和，注重曲线美，外观造型时尚大气。从整体上避开了暗沉的色泽，摆脱了沉重之气，以明亮色系居多，更具浪漫气息。法式风格通常可分为法式古典、法式现代、法式新古典及法式乡村等风格。

1. 法式古典风格

（1）巴洛克风格

　　巴洛克风格整体上突出了庄严、豪华、宏伟的气势，强调建筑艺术形式的综合表现，重视建筑与雕刻、绘画的结合，重视各种工艺和材料的综合运用；追求外形的自由和动感，强调立面与空间的起伏；充满激情和气派，具有宗教特色。

▲ 家具在细节处理上使用雕花，工艺精细，深浅不一的褐色系列带有一定的宗教色彩，整体造型霸气而沉稳

▲ 沉稳的色彩及厚重的质感使家具显得庄严，细部的雕刻豪华而气派，是典型的巴洛克风格

▲ 嫩粉色的贵妃椅有着纤细柔美的曲线，加上精细纤巧的雕刻，处处展示着女性的气质，是典型的洛可可风格

（2）洛可可风格

洛可可风格华贵唯美，完美演绎了古典的精髓，打破了艺术上的对称、均衡、朴实的规律。在家具、建筑、室内等艺术的装饰设计上，以复杂自由的波浪线条为主势，崇尚自然，常用C形、S形、漩涡形等形式，带有轻松、优雅的运动感。室内装饰则通过镶嵌画以及许多镜子，形成了一种轻快精巧、优美华丽、闪耀虚幻的效果。

装饰题材常为涡卷、水草、植物等曲线花纹，局部以人物点缀；色彩多以白色、金色、粉色、粉绿、粉黄等娇嫩的色调为主，色泽柔和，常采用大量饰金的手法营造金碧辉煌的室内空间。洛可可家具以其不对称的轻快纤细曲线著称，其以回旋曲折的贝壳形曲线和精细纤巧的雕饰为主要特征，以曲线和弯角为主要造型基调，以研究中国漆为基础，发展为一种既有中国风又有欧洲独特特点的流行涂饰技法。

▲ 采用大量的饰金手法营造金碧辉煌的空间，雕刻精致高贵；家具的造型在相对对称中寻求变化，线条如女性般柔美纤巧

2. 法式现代风格

法式现代风格既拥有法式的浪漫基调，又具有现代简约的特点，家具造型独特，注重曲线美，具有法式特征。

▲ 淡蓝色的地毯、窗帘与淡绿色的床头背景相呼应，形成了一个完美的整体。床头的曲线设计具有浪漫的法式情怀，环境清新优雅

3. 法式新古典风格

新古典主义作为一个独立的流派名称，最早出现于18世纪中叶欧洲的建筑装饰设计界。从法国开始，革新派的设计师们开始对传统的作品进行改良简化，摒弃了巴洛克和洛可可所追求的新奇和浮华，在一种对古典的新的认识上，强调简洁、明晰的线条和优雅、得体有度的装饰，用简化手法、现代新材料和先进的工艺技术探求传统的内涵，以装饰效果的庄重来增强历史文化底蕴。新古典主义重新诠释了传统文化的精神内涵，简洁、柔美，具有明显的时代特征，同时保留了古典主义作品典雅端庄的高贵气质。

4. 法式乡村风格

法式乡村风格常使用温馨简单的颜色及朴素的家具，以人为本，尊重自然，少了一点美式乡村的粗犷和英式乡村（见3.4节）的厚重与浓烈，多了一点大自然的清新和普罗旺斯的浪漫。

▲ 法式风格图集

▲ 曲线优美的家具造型有着法式浪漫气质，香槟色的调子更使空间显得优雅而尊贵

▲ 布艺的法式贵妃椅造型独特，曲线柔美，局部用金色做点缀，低调中带有奢华

▲ 家具流线婉转动人，虽然没有太多的雕刻装饰，却散发出了一种贵气，是典型的法式新古典风格

▲ 粉蓝色与肉粉色的组合使空间显得非常低调、柔和，家具的设计没有太多的装饰，更没有金银的镶嵌，是朴实的法国乡村风格

▲ 曲线柔美的座椅，清新淡雅的色调，配以花卉铁艺的装饰，有着浪漫的法式情怀

▲ 以铁艺与植物作为主要装饰元素，餐桌布置浪漫而温馨，窗户的设计休闲自然，空间环境舒适悠闲

3.4
英式风格

　　英式风格以被视为经典的各个历史时期的一系列古老的视觉元素为前提，多用红木、胡桃木和橡木做成的深色家具，造型典雅、精致而富有气魄，往往注重在极小的细节上营造出新的意味，尽量表现出装饰的新和美，常采用框架镶板结构方式及典型的窗格花饰。

▲ 书房的书桌采用典型的窗格花式，显得硬朗、帅气，具有英式特征

▲ 玫红色的沙发美观大方，沉稳典雅，给人亲切而真挚的感受，具有英式特征

▲ 格子图案是英式风格中常用的元素，黑白格子与地毯相呼应，沙发厚实粗犷，灰色与蓝色的搭配时尚而大气

英式田园家具多以奶白、象牙白等白色为主，材质多为松木、椿木、桦木、楸木等，内板配以高档的环保中纤板，造型优雅，再经细致的线条和高档油漆处理，散发着从容淡雅的生活气息。家具的特点主要在于华美的布艺以及纯手工的制作，布面花色秀丽，多以纷繁的花卉图案为主。碎花、条纹、苏格兰图案是英式田园风格家具的永恒主调。

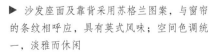
▶ 沙发座面及靠背采用苏格兰图案，与窗帘的条纹相呼应，具有英式风味；空间色调统一，淡雅而休闲

3.5
自然风格

　　自然的力量贯穿古今。人类在不断开拓疆土的同时对自然元素充满向往，希望在自然环境中得到平静与安宁。在表现自然风格时，一般选择让人感到安宁的自然元素，如木材、棉、皮革、砖、岩石等，形成空间内独特的风格。例如，打造一个可以充分享受崎岖感的、由自然岩石组成的原始墙壁，会让人有身在户外的感觉。我们通常所说的田园风格、乡村风格，也属于自然风格，如托斯卡纳风格。托斯卡纳风格是典型的意大利乡村风格，简朴而优雅。托斯卡纳建筑是意大利建筑的代表，它会让人想起沐浴在阳光里的山坡、农庄、葡萄园以及朴实富足的田园生活。托斯卡纳以其美丽的风景和丰富的艺术遗产而著称，它被认为是文艺复兴发祥的地方，涌现出了以但丁、达·芬奇、米开朗琪罗和拉斐尔为代表的一批杰出文学家和艺术家。当地奶白如象牙般的白垩石头、出名的金色托斯卡纳阳光、浓绿的森林、红色的土壤、葡萄园和牧场，以及浅绿的橄榄树果园等都是托斯卡纳风格的设计元素之一。室内多使用桌椅、赤陶花器、石雕花器等装饰物，营造自然而又舒适的居住空间。

▲ 自然风格图集

▲ 浅绿色的橱柜让人想起了橄榄树果园，厨房墙面用了不规则砖石的拼贴，色彩与地面及中岛的面板相统一，加上铁艺的田园吊灯，既原始又有质感，散发出浓浓的田园味道

▲ 艺术来源于生活。将农忙时用的藤编或竹编的篮子放到现代自然家居环境中，显得那么和谐并具有生活气息，同时又不失现代时尚感

▲ 墙面用中性而做旧的岩土色，与淳朴的橄榄绿形成对比，低调却不失内涵。灯具造型独特，顶面设计休闲大方，空间环境简朴优雅，是典型的意大利乡村风格

3.6
东南亚风格

　　东南亚风格是一种结合了东南亚民族、岛屿特色及精致文化品位的设计风格。其特点是原始自然、色泽鲜艳、崇尚手工。在造型上以对称的木结构为主，常采用芭蕉叶砂岩造型，旨在营造出浓郁的热带风情。

　　色彩上以温馨淡雅的中性色为主，局部点缀艳丽的色彩，如红色、紫色、绿色、红褐色等，自然温馨中不失热情华丽。在材质上，多用木头、石块、硅藻泥等演绎原始自然的热带风情。

　　家具的配置上，多选用厚实大气的实木家具，线条简洁凝练，采用祥瑞的花纹，设计简洁，配饰色彩艳丽华贵、别具一格。

▲ 东南亚风格图集

▶ 帷幔是东南亚风格中常用的设计元素，高高挂起的帷幔可以让东南亚风情更加浓郁

▲ 顶面的木条构架组合，生态休闲；家具采用实木、藤与布艺的组合，简单大方又朴实；空间色调清雅，环境舒适，装饰画与茶几上的饰品更凸显了东南亚风格特征

▲ 空间运用了藤编的坐凳和壁灯、实木的柱子和门窗、麻编的地毯，并用竹帘作为隔断，加上植物的布置，处处体现了原生态，带有浓烈的热带风情。帷幔的点缀让东南亚风情更加浓郁

▲ 这套别墅有着浓郁的东南亚特色，精致而休闲，采用柔和的中性色调，柜子和灯具都采用做旧的色彩，低调却不缺乏档次

▲ 带着精美的图案、做旧颜色的床有着浓浓的东南亚特色，加上同色系的床品及旁边装饰画的搭配，让空间的民族特色非常浓郁

▲ 中性色的东南亚家具，加上做旧的效果，显得休闲而具有民族特色

3.7
地中海风格

　　地中海风格是最富有人文精神和艺术气质的装修风格之一。自由、自然、浪漫、休闲是地中海风格的装修精髓。地中海风格的基础是明亮、大胆、色彩丰富、简单、民族性，有明显特色；不需要太多的设计技巧，保持简单的意念，捕捉光线、取材于大自然，大胆而自由地运用色彩、样式。地中海风格的装修通过一些开放性和通透性的建筑装饰语言来表达其自由的精神内涵。而地中海风格最具魅力之处在于其纯美的色彩，如西班牙蔚蓝色的海岸与白色沙滩，希腊的白色村庄在碧海蓝天下的美景，南意大利的向日葵花田流淌在阳光下的金黄，法国南部薰衣草飘来的蓝紫色香气，北非特有沙漠、岩石等自然景观的红褐、土黄的浓郁色彩组合。由于光照足，这些丰富的色彩的饱和度都很高，因此地中海的色彩特征就是无须造作，本色呈现。

▲ 蓝白相间的色调以及弧形元素的应用，把地中海风情演绎得恰到好处

地中海风格的设计要点如下。

①海洋元素，如海蓝色的屋瓦和门窗，搭配贝壳、鹅卵石、船舱等，给人自然、浪漫、舒适的感觉。

②在造型上，广泛运用连续的拱廊、拱门与半拱门，形成一种曲线美。

③在家具的选配上，采用擦漆做旧或镶嵌的处理方式。

④在材质上，一般选用自然的原木、天然的石材以及其他大自然的天然元素等，尽量少用木夹板和贴木板。

⑤在家具的选色上，一般选择自然、柔和的色彩。

⑥在组合设计上注意空间搭配，空间设计宜选择自由开放型。在柜门等组合搭配上避免琐碎，让人时时感受到地中海风格散发出来的古老尊贵的田园气息和文化品位。

地中海风格常见的色彩搭配如下。

①蓝与白。这是最经典也是最常见的地中海风格装修搭配方案。蓝色的门窗、白色的墙面，蓝白条纹相间的壁纸和布艺，贝壳、细沙混合的手刷墙面，鹅卵石的路面，马赛克的镶嵌，铁艺、器皿、船舵等饰品的点缀，无不体现出自然清新的生活氛围。

②黄色、蓝紫和绿色。如同黄色的向日葵，以及弥漫在空气中幽幽的薰衣草芬芳，处处营造着浪漫、甜蜜、自然的氛围。

③土黄与红褐色。这是北非沙漠的地貌特征，色调搭配的粗犷和原始给人一种亲近自然的质朴和淳美的感觉。

虽然地中海周边国家较多，民风也有些差异，但独特的气候特征让各国地中海风格的特点基本一致。

▲ 地中海风格图集

▲ 蓝白组合

▲ 绿色、黄色和蓝紫的组合

▲ 蓝紫、黄色、绿色的搭配

3.8
伊斯兰风格

　　伊斯兰风格的特征是东西合璧，室内色彩跳跃、对比、华丽，其表面装饰突出粉画，常用彩色玻璃面砖镶嵌，门窗常用雕花、透雕的板材做栏板，还常用石膏浮雕做装饰。砖工艺的石钟乳体是伊斯兰风格最具特色的手法。

　　伊斯兰风格常用于室内的局部装饰，如彩色玻璃马赛克镶嵌用于玄关或家中的隔断是伊斯兰风格常见的表现方式。

▶ 地毯艳丽的图案，顶面的图案设计，沙发背景墙的造型、艳丽的色彩等，处处显示着伊斯兰风格

▶ 伊斯兰风格

3.9
日式风格

日式风格并不推崇豪华奢侈、金碧辉煌，而是以淡雅节制、深邃禅意境界为特征，重视实际功能，讲究空间的流动与分隔，流动为一室，分隔则分为几个功能空间，空间总是充满无限禅意，可以让人静静地思考。居室一般采用清晰的线条，给人非常优雅、清洁的感觉，有较强的集合立体感，总体装修简洁而淡雅。日式风格的屋子一般较通透，人与自然统一，不尚装饰，简约淡雅，空间敞亮、自由，适合在都市中寻找宁静的人群。

日式家具以清新自然、简洁淡雅为主，选材上也非常注重自然质感，能与大自然融为一体，体现出闲适写意、悠然自得的生活境界。在日式风格的设计中，用得最多的就是"榻榻米"。日本人跪坐的生活习惯，以及其低床矮案，给人印象深刻。一般日本居民的住所、客厅、饭厅等公共部分多使用沙发、椅子等现代家具，卧室等私密空间则使用榻榻米、灰砂墙、杉板、糊纸格子拉门等传统物品。日本茶道和东南亚茶仪式一样，都是一种以品茶为主体而发展出来的特殊文化，茶道的精神已延伸到茶室内外的布置上。日本茶文化已有较久的历史，因此目前日式风格在一些茶室的设计中得到了应用。

▲ 糊纸格子拉门是传统日式风格中最常用的设计；低矮的坐垫放在没有太多装饰的榻榻米上，显得干净而淡雅；外室中古筝与荷花的点缀使环境更加优雅，并带有深邃的禅意

▶ 日式家具在设计上偏向低矮，淡灰色丝绸面料与素净的木质底座组合，显得素雅而宁静

3.10
北欧风格

　　北欧风格是指欧洲北部挪威、丹麦、瑞典、芬兰及冰岛等国的艺术设计风格。北欧风格以简洁著称于世，简约、自然、返璞归真是北欧风格最大的特点，不使用过多的色彩，一般选择黑白灰、米色、原木色或其他比较清淡的颜色，总体看起来比较柔和。

▲ 北欧风格图集

▶ 室内家具简洁、直接、贴近自然，完全不使用雕花、纹饰，弥漫着一种宁静的北欧风情

▼ 墙面没有多余的装饰，简洁的沙发造型，黑白的调子，使室内环境干净利落、简单大方

3.11 现代风格

▲ 现代风格图集

现代风格主要凸显一种年轻感、时尚感、现代感和科技前卫感，强调对比和立体感，多使用钢化玻璃、不锈钢等现代感强的材料来装饰。颜色的应用较自由和广泛，常用对比色、点缀色等亮色活跃空间。

三位建筑大师对现代主义的影响较大。现代主义建筑的主要倡导者、机器美学的重要奠基人柯布西耶曾说过"装饰就是罪恶"。他喜欢用格子、立方体进行设计，还经常用简单的几何图形来强调机械的美，对建筑设计强调"原始的形体是美的形体"，赞美简单的几何形体。

密斯·凡德罗是20世纪中期世界上最著名的四位现代建筑大师之一。作为钢铁和玻璃建筑结构之父，他所坚持的"少就是多"的建筑设计哲学，集中反映了他的建筑观点和艺术特色。当然"少"不是空白而是精简，"多"不是拥挤而是完美，只是没有杂乱的装饰，没有无中生有的变化。在处理手法上，密斯主张流动空间的新概念。密斯的建筑艺术依赖于结构，但不受结构限制，从结构中产生，反过来又要求精心制作结构。

另外一位重要的建筑师是美国的弗兰克·劳埃德·赖特，他对现代建筑有很大的影响。赖特的建筑作品充满着天然气息和艺术魅力，其代表作"流水别墅"表现了他对材料的天然特性的尊重。赖特从小生长在威斯康星峡谷的大自然环境之中，体会到了自然固有的旋律和节奏，产生了崇尚自然的建筑观，提倡"有机建筑"。他对自然的理解也对现代风格的形成产生了一定的影响。

▲ 线条和方块是空间设计的主要元素，方形的茶几、不同方形组合的沙发靠垫以及长条纹的背景图案，再加上以线条组合的地毯样式，整体空间时尚大方。以黑白灰为主的色调加上绿色的局部点缀，耐看而不失活力

▲ 无论是桌椅还是灯具都没有太多的装饰，用简单的造型、精简的结构去表现空间中的每一个陈设物，现代感十足

▲ 砖石与木板的组合使整个空间自然、生态、休闲又宁静，这样的环境既显得轻松自在，又具有现代特色

▲ 方体的坐凳，用不同大小的圆做的墙面装饰，简单大方，具有现代感

▲ 这组空间采用了极简的风格，黑白灰的调简约整洁，但并非简单，不是粗糙而是精致，空间每一个细节都能做到极致，具有内涵和品位

现代轻奢风格是现代风格中的一种，很受年轻人青睐，也是当下比较流行的风格。现代轻奢风格设计注重简洁、大气，但并非是忽视品质和设计感，而是通过在软装材质上的精挑细选，不着痕迹地透露出主人对于精致、考究生活的追求，在细节上设计一些意想不到的功能，在看似简洁的外表之下透露出一种隐藏的高贵气质，从而体现一种高品质的生活方式。

▲ 现代轻奢风格图集

▲ 在整体简洁、大方的空间环境中加入适当的金属点缀，营造出一种独特、奢华而又低调的艺术气质，在艺术风格上更加多元化

3.12
后现代风格

后现代风格是一种从形式上对现代主义进行修正的设计思潮与理念。它完全抛弃了现代主义的严肃与简朴，往往具有一种历史隐喻性，对历史风格采取混合、拼接、分离、简化、变形、解构、综合等方法，运用新材料、新的施工方式和解构构造方法来创造，充满大量的装饰细节，可以制造出一种含糊不清、令人迷惑的情绪，强调与空间的联系，使用非传统的色彩。

▲ 后现代风格图集

▲ 打破现代主义的严肃，沙发的造型奇特又新颖，材质的搭配上也比较大胆，装饰性极强

▲ 大胆的色彩搭配，有着另类的色彩情感，增强空间视觉冲击力，让空间充满无限活力，这也是后现代风格常用的搭配

▲ 以花瓣形状作为设计元素的沙发、桌子，运用新颖材料及拼接手法，并注重细节的装饰，是后现代风格的象征

3.13 LOFT风格

LOFT风格是近现代比较流行的装修风格之一。"LOFT"的字面意义是仓库、阁楼，但是当这个词在二十世纪后期逐渐变得时髦而且演化成为一种时尚的居住与生活方式时，其内涵已经远远超出了这个词的最初含义。因此，大体可以将其理解成开放、前卫，甚至是钢筋水泥。

▲ LOFT风格图集

▶ LOFT风格

第 4 章

软装资源元素
Soft furnishing resoure elements

我们一直用艺术的目光审视世界,运用色彩、光线、材质,从不同的角度折射出各种美。醇厚、奢华、经典的背后,体现的是艺术的深度……

软装中的资源元素包括色彩、家具、布艺等。

4.1

色彩

1. 色彩基础

（1）三原色

所谓三原色，就是指这三种色中的任意一色都不能由另外两种原色混合产生，而其他色则可由这三种色按照一定的比例混合出来，色彩学上将这三种独立的色称为三原色。三原色又分为色光三原色和色彩三原色。色光三原色为红、绿、蓝三原色光。这三种光以相同的比例混合、且达到一定的强度时，就呈现白色；若三种光的强度均为零，就是黑色。通常我们讲的色彩三原色为红、黄、蓝。两原色相加为间色，红色加蓝色为紫色，红色加黄色为橙色，黄色加蓝色为绿色。因此，紫色、绿色和橙色称为三间色。

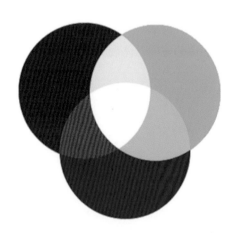

▲ 色光三原色

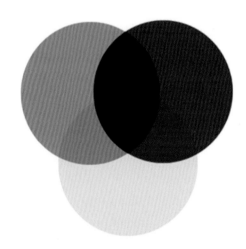

▲ 色彩三原色

（2）色彩三元素

①色相。色相即各类色彩的相貌称谓，如玫瑰红、柠檬黄、湖蓝等。色相是色彩的首要特征，是区别各种色彩的最准确的标准。

▲ 红、橙、黄、绿、青、蓝、紫的色相

　　②明度。明度可以简单地理解为颜色的亮度，不同的颜色具有不同的明度，如黄色的明度比蓝色的高。任何色彩都存在明暗变化。其中黄色明度最高；紫色明度最低；绿、红、蓝、橙的明度相近，为中间明度。另外在同一色相的明度中还存在深浅的变化。如红色中由浅到深有粉红、大红、深红等明度变化。

　　③饱和度。饱和度通常是指色彩的鲜艳度，即纯度。

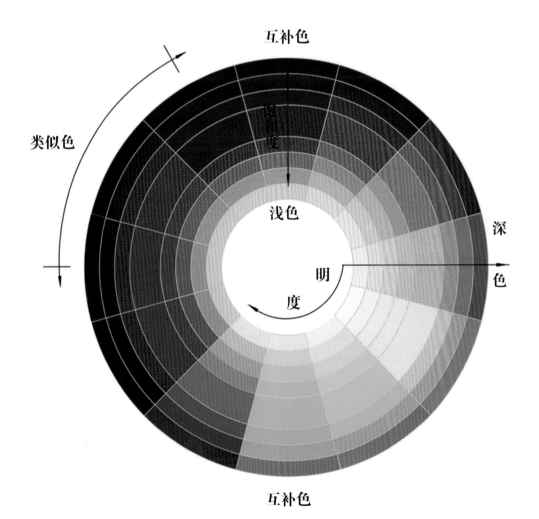

▲ 色彩的明度和饱和度

▲ 以蓝色、紫色及灰色打造了卧室温馨而浪漫的环境

2. 色彩搭配技巧

（1）类似色配色

色轮中相邻的颜色为类似色，也称邻近色，如蓝绿色、蓝色和蓝紫色。空间中运用邻近色配色，使不同的色彩之间存在着相互渗透的关系，让环境显得更和谐流畅。但是这样的配色有时候会显得比较单调。

（2）对比色配色

对比色是色性相反的两种颜色，其中色轮中垂直对应的颜色称为补色，如紫色和黄色，蓝色和橙色，红色和绿色，是对比色中最强烈的颜色组合。而一种颜色与它垂直对应的补色左右临近的颜色搭配也为对比色，如紫色与土黄色、酒红色与绿松石色的搭配等。对比色视觉冲击力大，并列在一起可产生格外强烈的对比。

▲ 整个空间以不同明度与纯度的蓝色调为主，通过一些线框、靠垫等小面积的酒红色点缀，使空间顿时活跃了起来

▲ 从顶棚到墙面、地面、床榻及床单等布艺用品，用一系列的绿色进行贯穿；而顶棚、门框上的花纹及地毯、窗帘、座垫、流苏等则用了橙灰色做点缀，使整个色调和谐地呈现了出来

▲ 这是一组展厅的空间展示，互补色蓝色和黄色的搭配非常抢眼，让人过目不忘　　▲ 蓝色和橙色的互补，使空间的视觉感倍增

（3）同色系配色

空间装饰用同一种颜色的不同色调搭配被称为同色系配色。同一种颜色有不同的明度或不同的纯度，如大红、朱红、橙红等，合理运用色调的变化和多种材质的组合来搭配房间，将使空间效果比较协调。

▲ 空间运用粉色系列进行搭配，包括深粉色、浅粉色、橘粉色，粉嫩的颜色具有少女味，温馨而有活力

（4）中性色配色

中性色包括米色、褐色、棕色、黑色、白色、灰色等，在室内软装设计中的应用比较广泛。中性色让人感觉舒适恬静，是软装设计师所运用的色彩体系中必不可少的要素。特别是灰色系列，应用比较广泛，用得恰当会很显档次。

▲ 暖灰与冷灰的组合，柔和的色调，没有太大的对比，低纯度的搭配给人很舒服的感觉，低调却不庸俗

▲ 卧室墙面和地板采用了柔和的米色调，床品也选用了低纯度的颜色组合，加上暖暖的柔和灯光，偶尔坐在床上看会儿书，无疑是一种享受

（5）强调色配色

强调色打破了单色系和中性色配色的单调乏味，使空间更生动、更有活力，可通过靠垫、地毯、桌布、床旗、工艺品和一些小配件来完成，在空间中起到点缀和活跃气氛的作用。但是强调色要用得恰到好处，不能用得太过，不然会影响空间效果。

▲ 跳跃的黄色使原先沉闷的空间顿时活跃了起来，成为了空间中的亮点

▲ 玫红和翠绿的点缀，使原先沉闷的深色调顿时变得让人眼前一亮，成为视觉的焦点

（6）冷色调配色

冷色系在色环中以蓝色为中心，包括蓝紫色、蓝色、蓝绿色和绿色。冷色给人的感觉比较清凉、冷艳，夏天可以多用一些冷色调装饰空间，如各种冷饮店、酒吧用冷色会比较冷艳。冷色也易产生后退感，能拉远观者与物体之间的距离，狭小的空间用冷色可以使空间变大，如给墙面涂上浅浅的冷调子。

▲ 以蓝色、绿色、黄绿色为主，加上其他颜色的适当点缀，绿色系列凸显生机活力，蓝色系列显得清凉、安静又清爽

（7）暖色调配色

暖色系在色环中以橙色为中心，包括黄色、橙黄色、橘红色、红色、紫红色等。暖色给人以温暖、喜庆、热烈的感觉，冬天就适合用暖色点缀。暖色易拉近视觉上的距离感，狭长的空间可以给远处的墙面涂上暖色或用暖色的装饰品点缀，使空间看上去不那么狭长。

▲ 红色的家具、灯具、书籍饰品与褐色系列的地板、墙纸搭配，给人暖暖的感觉

3. 案例：以黄色为例的色彩搭配

（1）黄色+黑色

▲ 黄与黑的结合，具有较强的视觉效果，高贵而时尚

（2）黄色+蓝、绿色

▲ 黄与蓝绿是一组对比色，视觉冲击力极强，让整个空间明亮耀眼、充满活力

▲ 黄与蓝绿是一组对比色，视觉冲击力极强，让整个空间明亮耀眼、充满活力（续）

（3）黄色+土黄+褐色

▲ 以黄色为主，用中黄、土黄、褐色等一系列同类色配色，使整体空间协调、柔和

4.2 家具

家具是室内的主要陈设物。家具不仅要能满足人们生活的需要，还要追求理想的视觉效果。以其自身美丽，相互组合后的家具能够有效地成为室内环境中陈设的重点。家具有舒适、便利、弹性、耐用、节省空间、易于维护等特点。

1. 古典家具的发展

（1）中国古典家具

三国以前，人们习惯席地而坐。商周到秦汉时期，家具的选材开始从青铜向铁、木和竹过渡。人们席地而坐的生活方式反映在家具的尺度和室内空间比例上，原始的审美需求和生产工艺表现在家具的质朴造型、雅致装饰中。这是中国传统家具风格形成的萌芽期。在这个时期，家具的类型有了一定程度的发展，床、案、几、屏风、衣架等家具的样式开始丰富起来。

◀ 案几

魏晋南北朝时期，社会动荡，外来文化通过各种方式参与到中国社会的发展中，导致席地而坐的生活方式受到挑战，与之相适应的家具形态也开始发生变化，这表现在以桌、椅、凳为代表的高型家具的发展和普及。

隋唐五代时期，木工已经很发达，家具的样式简明大方，造型浑厚丰满；结构由矮足向高足发展，构件增加了圆形断面，既实用又富有装饰性。长桌、方桌、长凳、腰圆凳、扶手椅、靠背椅、圆椅等家具形态在这一时期基本确立。

北宋时期农业、手工业和建筑业得到了很大的发展，促进了家具行业的发展。垂足家具基本改变了长久以来人们席地而坐的生活方式，其在民间得到了广泛应用。这个时期的家具在造型上普遍采用梁柱式框架结构，并趋于简化；装饰上突出重点和局部。到了北宋中末期，桌椅得到广泛应用，城市中餐厅、酒店等公共空间大量使用长凳加桌案的布置方式，这在一定程度上影响了居住空间的家具与陈设方式。南宋后期，家具的品种和样式得以确立，并更趋于民间化。到了元代，家具的风格更显大气。

明朝14世纪后半叶至清朝18世纪中叶是中国传统家具发展的鼎盛时期。明式家具的特点是：造型简练静雅，提炼自然，具有文人气质；结构合理，运用自如；装饰恰到好处；选材得当，做工精细；整体和谐统一。

▲ 明式家具

清式家具则雍容华贵，线条趋于复杂，装饰趋于奢华；装饰的技术和工艺达到了前所未有的高度。

▲ 清式家具

（2）外国古典家具

古埃及家具的造型遵循着严格的对称规则，华贵中呈现威仪，拘谨中蕴含动感，充分体现了使用者权势的大小和其社会地位的高低。家具的装饰性超过了实用性。

古代希腊家具的魅力在于其造型符合人们生活的需要，立足于实用而不过分追求装饰性，具有比例适宜、线条简洁流畅、造型轻巧的特点，能够给人以优美、舒适的感受。

▲ 古埃及家具

▲ 古代希腊家具

拜占庭帝国以古罗马的贵族生活方式和文化为基础，融和东西方文化，形成了独特的拜占庭艺术。其家具继承了罗马家具的形式，并融和了西亚的艺术风格，外形上趋于更多的装饰、雕刻以及镶嵌，有的甚至是通体浮雕。装饰手法常模仿罗马建筑上的拱券形式。无论是旋木或镶嵌装饰，都很重视节奏感。

罗曼式家具，就是仿罗马式家具。其标志是采用罗马式建筑的连环拱廊作为家具构件和表面装饰，并广泛采用旋木等构件。镶板上多用浮雕及浅雕，装饰题材有几何纹样、编织纹样、卷草、十字架、兽爪、兽头、百合花等古罗马时期的常用图案。家具形体较笨重，形式拘谨。

哥特式家具给人刚直、挺拔、向上的感觉，多采用尖顶、尖拱、细柱、垂饰罩、浅雕的镶板装饰。

▲ 拜占庭式家具

▲ 罗曼式家具

▲ 哥特式家具

意大利文艺复兴时期的家具大多不露结构部件，强调表面雕饰，呈现出丰裕华丽的效果。

法国文艺复兴时期，木雕饰技艺达到前所未有的高度，成为其家具设计的主要装饰手法。

英国文艺复兴时期的家具样式延续了哥特风格，雕饰图案以麻花纹、串珠线脚及叶饰、花饰为主，装饰题材涉及宗教、历史、寓言故事等。

巴洛克时期，家具的造型具有男性化的特点，表现在常运用人体雕像作为桌面的支撑腿，采用圆柱、壁柱、圆拱、涡卷装饰以及动感曲线等样式塑造其厚重且富有雕塑感的表现效果。

洛可可风格的家具样式柔美，造型纤巧，做工精细，大量运用了复杂多变的波浪曲线，将东方艺术的柔美和对于自然的崇尚融入其中。

▲ 意大利文艺复兴时期的家具

▲ 英国文艺复兴时期的家具

▲ 巴洛克式家具

▲ 洛可可风格的家具

2. 家具的分类

家具按使用功能可分为坐卧性家具、储存性家具、凭倚性家具、装饰性家具四类。

①坐卧性家具。主要为人的休息所用，并直接与人体接触，起到支撑人体的作用，包括椅子、凳子、沙发、床等。

②储存性家具。主要用来储藏物品、分隔空间，包括柜、橱、架等。

③凭倚性家具。主要有几、案、桌等。

④装饰性家具。以装饰功能为主，如屏风、隔断等。

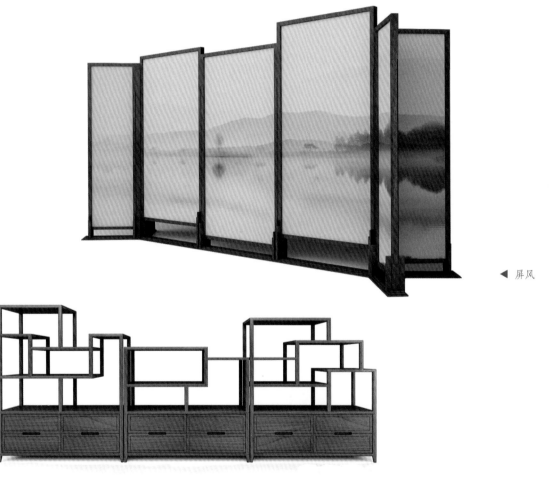

◀ 屏风

▲ 隔断

▲ 装饰性家具

家具按风格可分为中式风格、美式风格、法式风格、现代风格、后现代风格、东南亚风格、工业风格家具等。

▲ 新中式风格家具

▲ 大气、雍容、华贵的美式家具

▲ 柔美的法式家具

▲ 现代轻奢家具

▲ 时尚、夸张的后现代风格家具

▲ 东南亚风格家具

▲ 工业风格家具

3. 家具的作用

（1）组织空间

在室内空间中许多空间的界定是非常模糊的，尤其是开敞的办公空间、酒店的大堂、专卖店的销售空间。一个过大的空间往往可以利用家具划分成许多不同功能的活动区域，有时由于家具位置摆设的方式不同，可以形成不同的虚空间的分割。设计者通过家具的安排去组织人的活动路线，人们根据家具安排的不同去选择个人活动和休息的场所。家具布置不当会使室内整体构图失去均衡，通过调整家具的布置形式可以取得构图上的均衡。

▲ 这是家具城通道的一组家具组合。家具的组合使原先比较空旷的场所变得充实，同时也给家具城制造了氛围，起到了展示的作用

▲ 玄关家具图集

（2）分割空间

通过对室内空间中所使用家具的组织，可将室内空间分成几个相对独立的部分，使其成为具有不同功能的空间。经过家具的组织可使较凌乱的空间在视觉和心理上成为有秩序的空间，既提高了空间的利用率，也避免了封闭式分割所形成的呆板布局。例如，可在酒店大堂、酒吧的空间中用桌、椅、酒吧台围合出一个休息、会谈的空间，也可用货架、货柜、展台、接待台围合成商品销售的专卖店空间等。

▶ 镂空式的屏风隔断把书房和客厅分成了两个独立的空间

（3）填补空间

在空旷的房间角落里放置一些花几、条案之类的小型家具，可以求得空间的平衡。在这些家具上可以设置盆景、盆栽、玩具、雕塑、古玩等工艺品，这样既填补了空旷的角落，又美化了空间。有些不规则的空间，也可以利用小型家具填充其不规则部分以求得整个空间的构图完整。另外，在一些小空间里也可以利用家具布置室内的上部分空间，以节省地面面积，如做一些吊柜、隔板等。

▶ 墙角摆放一张椅子和茶几的组合，填补了空间，使空间得以平衡

（4）渲染氛围

家具除了要满足人的使用要求外，还要满足人的审美要求，既要让人们使用起来舒适、方便，又要使人赏心悦目。通过布置不同的家具，可陶冶审美情趣，反映文化传统，形成特定的气氛。例如，在室内空间里布置具有民族传统特色的家具能给人以联想，使其产生对本民族的热爱。家具以其特有的体量、造型、色彩与材质对室内的空间气氛形成影响。如居室中大面积的白色柜式家具与玫瑰色的沙发组合，就会使人产生浪漫的情怀；金属家具与酒吧空间环境中的摇滚音乐会带来强烈的现代感。总之，家具在室内环境和情调的创造中担任着重要的角色。

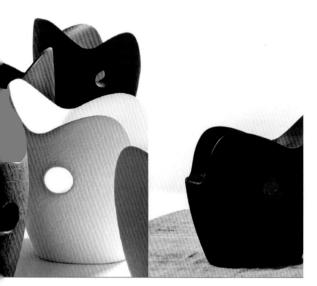

▲ 造型独特的家具，通过色彩的完美搭配，让人赏心悦目

▲ 唇形的沙发，粉色与白色的完美结合，让人惊艳而陶醉，很容易成为视觉的焦点

（5）视觉焦点

　　成为视觉焦点的家具陈设，往往是那些极具装饰性、艺术性、地方性的单品家具和现代设计师们设计的革新的、独特的家具。它们因历史的沉淀、造型的优美、色彩的斑斓等等特点而容易成为室内环境中的视觉焦点。在室内环境中，家具往往被放在视觉的中心点上，如住宅的玄关入口处、办公室的接待处、专卖店的中心位置等。

4. 家具的选择与布置

　　①选择合适的家具尺度。如欧式家具不适合东方人的体形。

　　②家具位置的合理布置。应方便使用。

　　③家具布置应充分利用空间。如利用书架填补空间。

　　④满足室内风格的要求。保证家具风格和室内空间环境风格一致，如现代风格的室内空间应配以线条简练、造型流畅的几何形家具；装饰风格的环境强调家具的图案、色彩和纹样；中式风格的室内不宜过多糅合其他风格的家具等。

　　⑤要适当选择色彩和材质。家具的色彩搭配及材质的选择与室内环境的关系非常密切，涉及了家具与空间的整体协调性。体量大的家具可选择色彩淡雅的中性色，以便与空间相协调。反之，用以点缀的家具则应选择绚丽的色彩和图案装饰效果以突出其存在。在选择家具的材质时应注意材料的纹理、色泽、风格、质地等因素。不同的材料传递着不同的情感，如光滑感、坚硬感、透明感、粗糙感、金属感、温暖感等。

　　⑥要迎合绿色环保的要求。在设计中要注重"绿色设计"，注重对自然环境的保护和对绿色环保材料的利用，如家具制造中对再生材料、合成材料的利用，以及尽可能多地使用"绿色"复合板和环保漆等。

小提示　　软装饰讲究的是搭配与和谐，所以每一件物品的风格都要统一。一般来说，软装饰是以家具为主线，其他的物品和饰品都要尽量和家具的风格相一致。

4.3
布艺

室内布艺主要包括地毯（室内铺地的毡）、窗帘、家具的蒙面织物、陈设覆盖织物（沙发套、沙发巾、桌毯、条毯、罩毯、台布、床单等）、靠垫、壁毯，此外还包括顶棚织物、壁织物、织物屏风、织物灯罩、工具袋、织物插花、织物吊盆等。

▲ 室内布艺

1. 窗帘

窗帘的种类有开合帘、罗马帘、卷帘、百叶帘、遮阳帘等。

①开合帘（平开帘）。可沿着轨道的轨迹或杆子做平行移动的窗帘。

- 欧式豪华型：上面有窗幔，窗帘的边饰有裙边，花型以色彩浓郁的大花为主，华贵富丽。
- 罗马杆式：窗帘的轨道采用各种造型或材质的罗马杆。分为有窗幔和无窗幔两种。
- 简约式：这类窗帘突出了面料的质感和悬垂性，不添加任何辅助的装饰手段，以素色、条格形或色彩比较淡雅的小花草为素材，显得比较时尚和大气。

▲ 窗帘挂穗

▲ 欧式豪华型开合帘

▲ 罗马杆式开合帘

▲ 简约式开合帘

②罗马帘（升降帘）。可在绳索的牵引下做上下移动的窗帘。

罗马帘多以纱为主，多从装饰美化这个层面来考虑。罗马帘常用于书房、过道、咖啡厅、宾馆大厅等不需要阻挡强烈光源的场所，常见款式有：普通拉绳式、横杆式、扇形、波浪形等。

③卷帘。可随着卷管的卷动做上下移动的窗帘。

卷帘一般用在卫生间、办公室等场所，主要起到阻挡视线的作用。材质一般选用压成各种纹路或印成各种图案的无纺布，要求亮而不透，表面挺括。

④百叶帘。可以做180度调节并可以做上下或左右移动的硬质窗帘。

这类窗帘适用范围比较广，如书房、卫生间、厨房间、办公室及一些公共场所都可用。它具有阻挡视线和调节光线的作用，材质有木质、金属、化纤布或成形的无纺布等，款式有垂直和平行两种。

⑤遮阳帘（天棚帘及户外遮阳帘）。

遮阳帘是能够阻挡外界的阳光、紫外线和热量进入室内的一种窗帘。天棚帘是遮阳帘中的一种，主要运用在天窗的遮阳系统。根据运行原理，可将其分为卷轴式天棚帘、折叠式天棚帘、叶片翻转式天棚帘等。

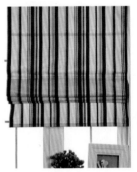
▲ 罗马帘

▲ 罗马帘

▲ 卷帘

▲ 百叶帘

▲ 罗马帘

▲ 遮阳帘

2. 地毯

地毯可以通过表面绒毛捕捉和吸附飘浮在空气中的尘埃颗粒，能有效改善室内空气质量。另外，地毯拥有紧密透气的结构，可以吸收各种杂声，并能及时隔绝声波，达到隔音效果。由于是一种软性材料，不易滑倒或磕碰，所以地毯尤其适合家里有儿童、老人的家庭。地毯丰富多样的样式、图案和色彩，能帮助设计师完成对风格的诠释。

▲ 图案多变的地毯

地毯按材质不同可以分为纯毛地毯、纯丝地毯、纯棉地毯、皮草地毯、藤麻地毯和化纤地毯。

①纯毛地毯。高级羊毛地毯均采用天然纤维手工制造而成，具有不带静电、不易吸尘的优点；由于毛质细密，受压后能很快恢复原状；纯羊毛地毯图案精美，色泽典雅。

②纯丝地毯。纯手工编织，采用天然矿物、植物染料染色，添加防虫处理，具有收藏价值；花色风格多样，环保耐用，历久弥新。

③纯棉地毯。质地柔软、吸水性强；耐磨度高，富有弹性，易清洁；色彩鲜艳且多样，可以水洗。

④皮草地毯。一般指皮毛一体的真皮地毯（如牛皮、马皮、羊皮等）。使用真皮地毯能让空间具有奢华感，为空间增添浪漫色彩。真皮地毯由于价格昂贵还具有收藏价值，尤其刻制有图案的刻绒地毯更能保值。

⑤藤麻地毯。藤麻地毯是乡村风格最好的烘托元素，采用了一种具有质朴感和清凉感的材质，用来呼应曲线优美的家具、布艺沙发或者藤制茶几，效果都很不错，尤其适合乡村、东南亚、地中海等亲近自然的风格。

▲ 红黑搭配的霸气沙发，搭配皮毛一体的牛皮地毯，两者的完美结合低调而奢华

▲ 白色的新古典家具，搭配皮毛一体的羊毛毯，个性而前卫。地毯上面的豹子更是给空间带来几分情趣

⑥化纤地毯。分为尼龙、丙纶、涤纶和腈纶四种。尼龙地毯的图案、花色类似纯毛，由于其耐磨性强、不易腐蚀、不易霉变的特点最受市场欢迎。它的缺点是阻燃性、抗静电性差。

3. 床品

软装布艺是营造居室氛围最直观的物件，尤其是家中床品的搭配，包括四件套、抱枕等，对卧室环境的烘托起到重要作用。

▲ 常见床品四件套

床品的风格主要有以下几类。

（1）欧式奢华风格

历史悠久的欧式古典家具文化中，经典的床品也是必不可少的展示元素。在床品的选择上应体现传统的雍容气质，展现千年的奢华风范，使人置身其中，恍若触摸着旧日皇族的荣耀光芒。

▲ 欧式奢华风格床品

（2）现代轻奢风格

生活水平的提升，促使人们去追寻舒适、优雅的生活态度。品位和高贵并存，低调奢华的轻奢风获得无数人的喜爱。轻奢风格的床品更注重质感与品位，材质精美、织法讲究、色彩低调时尚，凸显床品的品质。

▲ 床品图集

▶ 现代轻奢风格床品

（3）现代简约风格

现代简约风格致力于在横平竖直的干练中寻求一种平衡的美感，用更加精细的工艺和更加考究的材质，展现出现代社会所独有的精致与个性。现代风格的床品图案简洁大方、色彩明艳夺目。图案多为条纹、单色、几何拼贴等。

▲ 现代简约风格床品

（4）中东民族风格

明艳的中东风格，历史与传说并存，迷幻而纯粹，沉淀着岁月留下的凝练。人们在床品的选择上越来越倾向于民族风的诠释，阿拉伯图案、丝路风情等元素在居所中逐渐得以呈现。

▲ 中东民族风格床品

（5）田园风格

田园风格以乡村原色及配饰元素作为风格承载，繁华似锦，春风摇曳，阳光般的色调中，写满了清新和典雅。小碎花的图案是田园风格中较常见的选择。

▲　田园风格床品

（6）新中式风格

新中式风格追求传统与现代的结合，床品的选择更是如此，一幅水墨画、一个中式符号都可能成为设计中的亮点。

▲　新中式风格床品

4. 布艺的搭配设计

布艺的合理搭配能形成别具一格的视觉效果，营造出温馨的家居氛围。

①选用具有相同元素的布艺进行布置。如从色彩、图案、材质等方面进行元素的提炼与设计。

▲ 使用相同花纹和色彩的装饰布分别做成窗帘、靠垫、地毯等布艺产品，使空间协调统一

▲ 深蓝色的墙面、淡黄色的家具，显得简单而干练，所以在窗帘的选择上采用了花色布艺。图案颜色中带有蓝色和黄色，使其与周围环境相适应，同时靠垫、地毯、装饰画也采用了相同元素进行设计，使整个空间环境显得统一

　　②根据墙面、地板、家具等的装饰色彩与整体色调来选择合适的布艺色彩。

- 墙面颜色较深时，可采用淡雅的窗帘；墙面颜色较淡时，可用色彩相对较浓的窗帘。

- 墙面装修较复杂时，可采用花型简单的窗帘。

- 家具色彩较淡、陈设较简单时，可选用相对色彩浓、花色缤纷的窗帘；家具色彩较浓或设计风格独特时，应选用花型简单、色彩较淡（或单色）的窗帘。

- 色调分为暖色调、冷色调和中间色，布艺的色调可与家具、地板相一致。

▲ 布艺图集

| 小提示 | 　　可以用窗帘来对室内的色调进行调整，并且床上用品和沙发靠垫等可以选择和窗帘一个系列的布料或一个色系的色调。 |

4.4 灯具

灯具是指能透光、分配和改变光源分布的器具。早期的灯具主要侧重于照明的实用功能，但是如今，灯具的设计不但要考虑艺术造型，还要考虑到其型、色、光与环境格调的相互协调。

1. 灯具的分类

灯具按造型可以分为吊灯、壁灯、落地灯、台灯、吸顶灯、筒灯、射灯等。灯具的不同造型是由其使用环境和功能决定的，灯具本身的造型要和整体风格相搭配，通过光源的发光来照亮灯饰本身和周围环境，达到照明和装饰效果。

（1）吊灯

吊灯一般悬挂在天花板，是最常用的照明工具，有直接、间接、向下照射及均匀散光等多种灯型。吊灯的大小与房间大小、层高相关，层高太低的空间不适合用吊灯，吊灯的最低点离地面高度应不小于2.2m。吊灯在安装时一般离天花板0.5~1m，复式楼梯间或酒店大堂的大吊灯，可按照实际情况调节其高度。

吊灯的样式繁多，常用的有中式吊灯、现代吊灯、欧式吊灯、东南亚吊灯等。其材质也是多种多样，有水晶吊灯、羊皮吊灯、玻璃吊灯、陶瓷吊灯等。

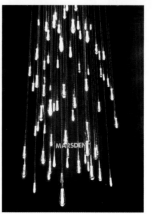

▶ 轻奢风格的现代吊灯

▲ 东南亚吊灯　　　　　　　　▲ 中式吊灯　　　　　　　　▲ 欧式吊灯

（2）壁灯

壁灯是直接安装在墙面的灯具，在室内一般用于辅助照明。壁灯一般光线淡雅和谐，可以起到点缀环境的作用。壁灯一般有床头壁灯、过道壁灯、镜前壁灯和阳台壁灯。床头壁灯一般安装在床头两侧的上方，一般可根据需要调节光线。过道壁灯通常安装在过道侧的墙壁上，照亮壁画或一些家具饰品。镜前壁灯安装在洗手台镜子附近。阳台壁灯则安装在阳台墙面上，起到照明的作用。壁灯的高度应略超过视平线，一般以离地1.8m左右为宜。壁灯除了照明之外，还具有渲染气氛的艺术感染力。

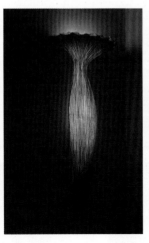
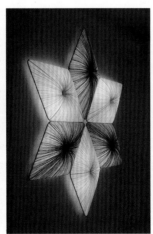

▲ 壁灯

（3）吸顶灯

吸顶灯是直接安装在天花板上的灯具，也是室内的主题照明设备。如果房屋层高较低，则比较适合用吸顶灯，办公室、文娱场所等常使用这类灯。吸顶灯主要有向下投射灯、散光灯、全面照明灯等几种。选择吸顶灯时，应根据使用要求、天花构造和审美要求来考虑其造型、布局组合方式、结构形式和使用材料等，尺度大小要与室内空间相适应，结构上要安全可靠。

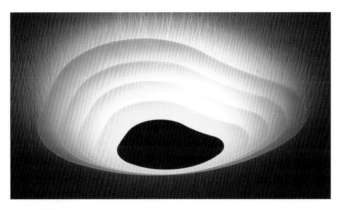

▲ 吸顶灯

（4）台灯

　　台灯是人们生活中用来照明的一种常用电器。它的功能是把灯光集中在一小块区域内，便于工作和学习，有时也起到装饰、营造氛围等作用。

▲ 台灯

（5）落地灯

落地灯是指放在地面上的灯具，一般多存放于客厅、休息区域等，与沙发、茶几配合使用，以满足房间局部照明和渲染环境的需要。

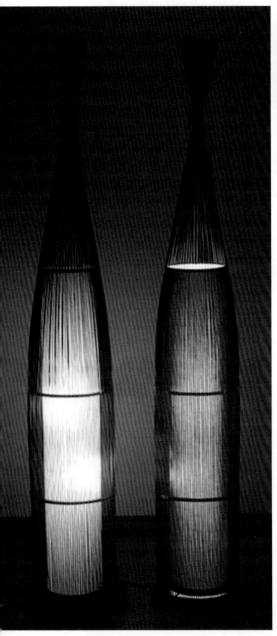

▲ 落地灯

（6）射灯、筒灯

射灯与筒灯都是营造特殊氛围的聚光类灯具，通常用于突出重点，能够丰富层次、创造浓郁的气氛及缤纷多彩的艺术效果。射灯是一种高度聚光的灯具，主要用于特殊的照明，比如强调某个比较有新意或具有装饰效果的地方。筒灯一般用于普通照明或辅助照明，如家里客厅吊顶处、过道处等都可以装一些筒灯作为辅助照明。

▲ 在装饰画和陈设品上面安装数盏射灯，可以突出其装饰效果

▲ 客厅吊顶处使用一些筒灯，起到了渲染环境的作用

2. 灯光艺术的运用

（1）客厅

客厅空间一般需要一个主光源，通常在客厅中间安装吊灯或吸顶灯。除了主光源之外，可以在顶棚安装一些筒灯或摆放一盏落地灯以渲染环境。另外，在环境需要的情况下，可以安装一些装饰灯。

（2）玄关

玄关是进门后的第一个区域，对玄关的设计将直接影响人进门后的第一印象。玄关柜上一般会摆放一些装饰性的陈设品，通常可以在其上方装一盏射灯，或在旁边摆放台灯，以突出其陈设效果。

▲ 客厅上方安装吊灯，作为客厅空间的主要光源，沙发旁边的台灯及右边的小吊灯起到渲染环境的作用

▶ 客厅的主吊灯加上旁边的小吊灯，让空间氛围变得特别温馨

▲ 用射灯突出装饰效果

▲ 在旁边摆放台灯，突出其陈设效果

（3）餐厅

  餐厅是用餐的场所，餐厅的氛围直接影响用餐的心情和胃口，有一个较好的用餐环境可能会使食客食欲大增。灯光是最好的调味剂，几盏低矮的装饰吊灯，暖黄色的灯光照射在食物上，色香味齐全。一般餐厅的吊灯不能装得太低，一方面要保证可以看清餐桌上的食物，另一方面可以渲染用餐氛围。

▲ 餐厅适合安装吊灯

▲ 餐厅适合安装吊灯

（4）卧室

卧室常用的灯具有吊灯、吸顶灯、筒灯、床头的壁灯和台灯。安装吊灯、吸顶灯的时候应注意某位置，不宜安装在床的正中心（以免给人不安全的感觉），而应安装在两个床尾角线的中间位置。床头灯安装可以根据个人的爱好和功能要求进行选择，如果喜欢阅读，可以在床中间安装可转动壁灯（可以随意改变方向）；如果没有在床上阅读的习惯，则可以选择放置漫射的台灯或壁灯，起到调节气氛及起夜照明的作用。

（5）卫生间

卫生间最重要的灯光就是洗脸池的灯光——要有足够的强度、亮度及好的角度。此外，可以根据需要安装镜前灯、壁灯或吊灯，整体照明可以选择吸顶灯、筒灯等。

▲ 卧室灯光布置　　　　　　　　　　　　　　　　　　▲ 洗脸台上方安装一盏吊灯作为局部照明

（6）书房

书房可以选择能够调节高度和方向的工作灯，可以是吊灯或日光灯。周围可增加一些氛围灯，如台灯、筒灯等，做好光线的自然过渡。

（7）厨房

厨房的主灯可以用吸顶灯或筒灯。一般来说，橱柜会对吸顶灯的照射起到很大的遮挡作用，导致厨台亮度不够，因此需要增加厨台灯。另外如果厨房有中岛设计，则可以在中岛上方安装吊灯，既能起到照明作用，又可渲染烹饪气氛。当然，吊灯的选择应选择易于清洁的灯具。

▲ 中岛上方安装吊灯

▲ 书房工作台上方使用两盏日光吊灯，旁边用台灯作为辅助光源

▲ 增加厨房台灯

3. 灯光与色彩的搭配

（1）渲染氛围

　　灯光应根据环境和色彩的需求来进行选择，如用餐的场所应使用暖色光源以增加食欲，婚礼场所可以用玫粉色的光源来烘托浪漫的气氛，娱乐场所则可以选择比较冷艳的色彩。此外，还可以通过灯具的造型来改变环境。

（2）与环境协调

　　灯光需要与环境和谐，一般居室不能用过于花俏的光线，如蓝色、绿色等刺激性色调容易让人产生紊乱、繁杂的感觉，严重时会导致疲惫和神经紧张。灯光颜色要与房间大小、墙面色彩等相协调。

▲ 灯具图集

▲ 不同造型的吊灯组合通过灯的透光性给周围营造　▲ 灯光与环境协调
不一样的氛围

4.5
花品

1. 花品的分类

花品按材质可分为鲜花、仿真花和干花3类。

（1）鲜花

①特点：自然、鲜活，具有无与伦比的感染力和造物之美，受季节、地域的限制。

②适合场所：家庭、酒店、餐厅、展厅等。

▲ 鲜花

（2）仿真花

①特点：造型多变，花材品种不受季节和地域的影响，品质高低不同。

②适合场合：家庭、酒店、餐厅、展厅、橱窗等。

③适合风格：适合各种装饰风格。

▶ 仿真花

（3）干花

①特点：独特风味，花材品种和造型有很大局限。

②适合场合：家庭、展厅、橱窗等。

③适合风格：特别适合田园、绿色环保、自然质朴等风格。

④风格：崇尚自然，朴实秀雅，富含深刻的寓意。

花品按地域不同可分为中国古典花艺和西式花艺。

（1）中国古典花艺

中国古典花艺的特点是：强调反映时光的推移和人们内心的情感，其所要呈现的是一件美的事物，同时也是一个表达的方式和修养提升的方式；推崇奉献精神，有如造化将美丽的花木无私地奉献给了人类；赞美自然、礼仪、德行，胸中的气韵、内心的澄明都是花道的题中之义。它所追求的是"静、雅、美、真、和"的意境。

▲　干花

▲　中国古典花艺

（2）西式花艺

西式花艺讲究造型对称、比例均衡，以丰富而和谐的配色，达到独具艺术魅力的优美装饰效果。西式花艺注重色彩的渲染，强调装饰的丰茂，布置形式多为各种几何形体，表现为人工的艺术美和图案美，与西式建筑艺术有相似之处。欧美人性情奔放而热烈，喜欢一些能够直接表露的东西，例如法国人素来是浪漫的，所以他们的插花是抽象的，以印象派来表现他们的民族性。

西式花艺用花数量比较大，有花木繁盛之感，形式注重几何构图，比较多的是讲究对称型的插法，花色相配，一件作品几种颜色，不同颜色组合在一起，形成各个彩色的块面，将各式花混插在一起，创造五彩缤纷的效果。

▲ 西式花艺

花品按造型不同可以分为焦点花、线条花和填充花。

（1）焦点花

作为设计中最引人注目的鲜花，焦点花一般插在造型的中心位置，是视线集中的地方。

（2）线条花

线是造型中最基本的要素之一。线条花的功能是确定造型的形状、方向和大小，一般选用穗状或挺拔的花或枝条。

（3）填充花

西式插花的传统风格是大块状几何图形组合，其间很少有空隙。要使线条花与焦点花和谐地融成一体，必须用填充花来过渡。

▲ 线条花

▲ 填充花

▲ 焦点花

2. 花艺风格搭配与应用

搭配花艺时，使用的花不求繁多，一般只用两至三种花色，简洁明快。同时利用容器色调和枝叶来做衬托。花色可以挑选纺织品、配饰、墙面上有的颜色，也可以根据品牌内涵特点来挑选。

（1）单色组合

选用一种花色构图，可用同一明度的单相相配，也可用不同明度（浓、淡）的单色相配，显得简洁时尚。

▲ 单色组合搭配

（2）类似色组合

　　由于色环上相邻色彩的组合在色相、明度、纯度上都比较接近，互有过渡和联系，因此组合在一起时比较协调，显得柔和而典雅，适宜在书房、卧室、病房等安静环境内摆放。

▲ 类似色组合搭配

（3）对比色组合

对比色组合即互补色之组合。如红与绿、黄与紫、橙与蓝，都是具强烈刺激性的互补色，它们相配容易产生明快、活泼、热烈的效果。采用对比色组合需特别注意保持互补色彩的比例。如右图，黄色小花与紫色蝴蝶花的组合，色彩鲜明、活跃。

3. 花艺的摆放

（1）客厅花艺

客厅是家庭活动的主要场所，也是会见亲友的地方。如果是大型台面，客厅花艺可以大一些，也可以直接摆在地面，会显得十分热烈。若想用插花点缀茶几、组合柜或墙上的格架等较小的地方，就要用小型的插花。

▲ 对比色组合搭配

▲ 花艺图集

▶ 图中所示的花艺适合放在客厅、餐厅的某一个角落，如沙发旁边、电视柜边上等，以起到填补空间、渲染气氛等作用

▶ 点缀用的小型插花

（2）餐厅花艺

餐厅花艺通常被放在餐桌上，成为宴席的一部分，花品的陈设除了选择鲜艳的品种外，还要注意从每个角落欣赏均有美感。这里的花卉可以是干花也可以是鲜花，但应选择清爽、亮丽的颜色以增强食欲，当然花色的选择还要考虑桌布、桌椅、餐具等的色彩和图案。

（3）卧室花艺

卧室是供人们睡眠与休息的场所，宜营造幽美宁静的环境。若空间不够大、空气不够流通，就不宜摆放过多的植物，因为花卉植物在夜间不进行光合作用，不仅排出二氧化碳，还要吸收氧气，会有害健康。因此，卧室花艺可以摆放一些干花，根据床品、帘色颜色选择相应的干花放在床头柜或梳妆台上作为装饰，以营造卧室温馨的环境。

▲ 餐厅花艺

▲ 卧室花艺

4.6
饰品

饰品主要包括装饰画品、装饰性工艺品、实用性陈设品等。

1. 装饰画品

▲ 装饰画品

2. 装饰性工艺品

▲ 陶器

▲ 瓷器

▲ 金属类饰品

▲ 玻璃工艺品

▲ 烛台与蜡烛

▲ 具有民族特色的工艺品

▲ 工艺小摆件

3. 实用性陈设品

▶ 艺术相框

▲　书靠

▲　装饰盒

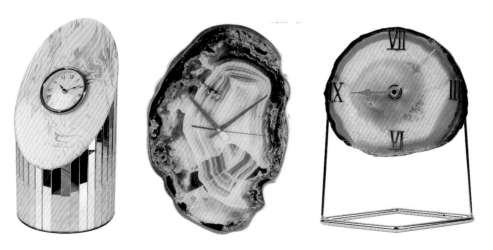

▲　现代轻奢风格钟表

饰品的摆放与搭配主要有以下几种。

1. 墙面装饰

墙面的装饰多用挂画、壁挂、钟表、镜子、相框等装饰品，饰品的选择
应该与空间风格保持一致，选择的色彩也应该能和空间完美结合。

（1）挂画

▲ 墙面装饰图集

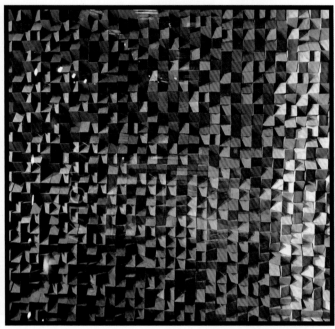

▲ 综合材质装饰画

▲ 版画

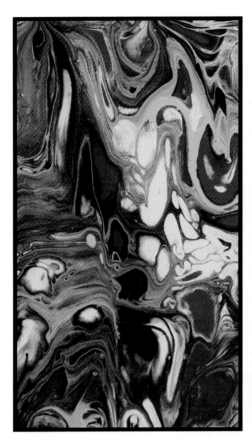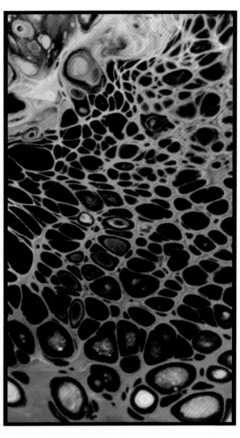

▲ 流体画

▲ 晶瓷画

▲ 油画

（2）挂钟、挂镜

▲ 挂钟　　　　　　　　　　　　　　▲ 挂镜

（3）挂毯

▶ 东南亚挂毯

（4）照片墙装饰

照片墙设计是墙面装饰的方式之一，它将带来意想不到的效果。优秀的照片墙设计不仅能够装饰墙面，还能给家居生活带来创意。

▲ 照片墙图集

▲ 设计时尚，具有现代气息的照片墙

▲ 个性张扬，很有艺术"范儿"的照片墙

▲ 装饰粉嫩、可爱，很适合小女孩的房间的照片墙

▲ 清新、休闲，适合地中海风格的装饰

▲ 时尚的卧室床，加上墙上的爱心照片墙，使卧室充满浪漫气息　　▲ 转角照片墙给单调的转角带来了温馨的感觉

（5）悬挂工艺装饰

▲ 挂饰

小提示　　装饰画的色彩可以按房间的实际大小决定，建议面积大的房间用暖色调，面积小的房间用冷色调，因为暖色调给人紧凑的空间感，冷色调则相反。

2. 台面装饰

台面装饰是指摆放在桌子、茶几、柜子等台面上的装饰，通常可以摆放托盘、相框、花瓶、果盘、茶具、书籍、工艺小摆件等，样板房的床上也可用托盘进行装饰。在细节上，往往一件小饰品可以产生意想不到的效果，比如造型独特的烟灰缸、工艺讲究的水杯等，既是实用品，又是艺术品，效果非常好。

▲ 台面装饰图集

▲ 托盘，可以摆放在茶几、餐桌上

▲ 床上摆放床旗、托盘及小动物饰品，使卧室环境更加温馨而有情调

▲ 台面上摆放一些仿旧的电话机、古朴的书籍，让空间更有文化底蕴，特别适合一些个性餐馆、会所、咖啡厅等场所

▲ 桌面上摆放黄色的花瓶系列，成为空间的视觉焦点

▲ 茶几上可以摆放相框、茶具、书籍、花卉等小物品

▲ 在茶几或桌面可以进行适当的陈设以烘托家居环境，当需要摆放一些小东西的时候通常可以用托盘进行收纳，防止桌面凌乱

▲ 餐桌陈设图集

小提示　　在光源比较强的位置，建议放置表面反光弱的工艺品，如木制品和无釉的陶艺等。在光源比较弱的位置，可以放置一些表面光滑的工艺品，从而形成互补。

4.7 墙饰

1. 墙纸

优质的墙纸具有一定的防潮能力，使用寿命能达到8～10年。除了洗手间的湿区之外，壁纸可以使用在任何地方，以形成统一的氛围。壁纸具有防裂功能和相对不错的耐磨性，同时还具有抗污染性好、便于保洁等特点。壁纸的装饰表现力比油漆或瓷砖强大，工期短，更换相对方便，容易营造不同的个性空间。优质的墙纸比同档次的油漆更为环保。

（1）墙纸的分类

①无纺布墙纸。以纯天然无纺布为基材，表面采用水性油墨印刷后涂上特殊材料，图案丰富，施工容易。优点是吸音、不变形。

②纸基墙纸。以纸为基材，经印花后压花而成，自然、舒适，无异味，环保性好，透气性能强，上色效果好，适合染各种鲜艳色甚至工笔画。其缺点是时间久了会略微泛黄。

③织物类墙纸。以丝绸、麻、棉等编织物为原料，物理性非常地稳定，湿水后颜色变化也不大，在市场上非常受欢迎，但价格较高。

（2）墙纸图案及风格特点

①条纹。条纹图案具有恒久性、古典性、现代性与传统性。稍宽型的长条花纹适合用在流畅的大空间中，较窄的图纹可以用在小房间里。

▲ 条纹墙纸

②大马士革。大马士革城也是古代丝绸之路的中转站，其长期受到东西方文明的碰撞和交汇。当地的民众因对中国传入的格子布花纹的喜爱，在西方宗教艺术的影响下，改革并升华了这种四方连续的设计图案，将其制作得更加繁复、高贵和优雅。大马士革墙纸长于营造华丽的欧式气质，大气典雅，并有一种深厚的历史底蕴。

▲ 大马士革墙纸

③小清新花型图案。小花图案比较适合田园、乡村、休闲的风格。

▲ 小清新花型图案墙纸

④几何图形。细小规律的图案可以增添居室秩序感，为居室提供一个既不夸张又不会太平淡的背景。图案的尺寸大小要适中，图形花样过大会在视觉上造成"进逼"感。

▲ 几何形体组合的背景具有一定的韵律感，使空间不会让人感到单调

▲ 色彩强烈的几何图案会让空间敞亮，成为视觉焦点

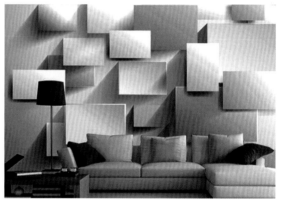

▲ 立体的几何图案会给空间带来错觉，特别适合比较空旷的空间

⑤艺术墙纸。以各种个性的图案展示，给人带来全新的感觉，根据空间需要选择与之相协调的图案、色彩、风格，往往会有意想不到的效果。

▲ 背景图案色彩艳丽，图案奇特、新颖，具有艺术感，很容易成为视觉的焦点，适合用作公共区域主要位置的装饰

▲ 红砖图案的艺术墙纸，加上具有工业气息的家具及装饰画的搭配，展现了个性的LOFT风格

（3）墙纸的搭配原则

①一个完整的空间不建议使用超过三种款式的壁纸。

②与家装整体风格相符。如传统的中式客厅可以选择浅棕色、灰色等色彩，现代或后现代则可以选择比较明快或夸张的墙纸。

③根据主人的特点来选择。如老人房需要朴素、庄重，宜选用花色淡雅，偏绿、偏蓝的色调，图案花纹应精巧细致。儿童房则应欢快活泼、富有朝气，颜色新奇丰富，花样可选卡通人物型、童话型、积木型或花丛型。青年型可以欢快、轻松一些，也可以时尚、夸张一些。

④结合室内的摆设来选择。如根据室内摆设的颜色选择墙纸，或根据室内摆设的风格选择相应图案的墙纸。

⑤根据空间的大小和用途来选择。如宽敞的空间，宜选择大花朵、宽度较大的条形等图案；小空间则应选择图案细密、颜色淡的图案；房间偏暗可以用浅暖色调的墙纸做互补。

⑥房间光线好、宽敞明亮的话可以用深色调。

（4）墙纸的装贴

墙纸的装贴需要了解其规格，测量房间尺寸，计算其卷幅，最后进行装贴。

①规格。墙纸一般宽0.53m、长10m。卷幅的计算需要加入对花的损耗。

②测量房间尺寸。需要算出房间贴壁纸部分的高度和宽度。

③贴墙纸的方法。墙纸应从上到下一幅一幅地拼接粘贴。一卷墙纸总长10m，分为三幅则每幅长3.3m。有花纹的墙纸，每幅之间都要有对花，花型越大，损耗越大，所以对花后每幅的长度可能只有3m或更少。

2. 墙贴

墙贴有平面的和立体的，平面的墙贴一般是指已设计和制作好现成图案的不干胶贴纸，只需要动手贴在墙上、玻璃上或瓷砖上即可。立体墙贴也叫立体壁挂、浮雕墙贴，指将人们所喜爱的墙贴立体化，同时加强了对墙贴的开发与配套。这种用来代替传统壁纸的革新产品被设计师们赋予了灵动气质，千奇百怪的造型，在不同的角度看，由于光照和阴影的关系，会呈现不同的视觉效果，若同时加以平面墙贴的组合装饰，会让室内空间美轮美奂。

3. 墙绘

墙绘是近年来居家装饰的潮流，是修饰新房、会所、展厅、酒吧等许多地方的理想选择。相对于墙纸来说，墙绘更加具有表现力，可以使空间更加和谐与个性。

▲ 墙贴

▲ 墙绘

课堂作业：

　　给某卧室装贴墙纸，房间的宽度分别为4.3m、4.8m、4.3m、4.8m，门宽0.98m，窗宽2m，墙纸规格为0.53m×10m，需要对花，请问总共需要几卷墙纸？

▲ 墙饰图集

第 5 章

软装排版方案的制作及设计禁忌
Making and taboos of soft furnishing layout

排版方案的制作是对软装设计师平面设计素养的考验，版面的视觉冲击力直接影响项目设计的成功率。每一段文字、每一种字体、每一张图片，都将成为一个优秀方案的基础……

5.1
排版方案的制作

软装排版方案是设计师为客户展示软装设计效果最直观的方式。设计师在展示设计方案时应有自己的创新，自己风格，同时要有版权意识。排版形式可以借鉴，但不能照搬照抄。目前国内的软装排版方案模式有很多种，其主要功能是完整地表达设计思路，将其通过概念方案的形式传达给客户。常用的排版方案有平铺式、透视式和海报式3种。

▲ 软装排版方案图集

（1）平铺式软装排版方案

这种方式简洁明了，只要把空间所需的物品平铺到画面上即可。

（2）透视式软装排版方案

这种方式比较直观地模拟了实际空间的效果，把陈设物品用透视法展示了出来。

（3）海报式软装排版方案

海报式排版更趋向于平面的展示，把所要表达的风格特征、色彩关系、材质选择等以平面组合的形式在版面中表现出来，更像是一张海报。它可以是设计师对整套方案的概括，也可作为方案的心情版，用以表现方案的设计精华和风格。

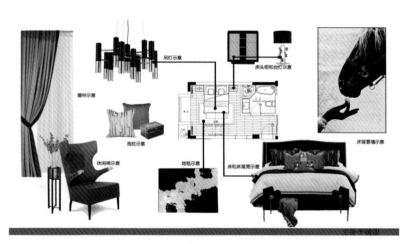

▶ 平铺式软装排版方案

▲ 透视式软装排版方案

▲ 海报式软装排版方案

5.2

软装设计禁忌

（1）沙发不可摆放在横梁下方

无论是客厅内还是卧室内的沙发，都不可摆放在横梁下方。如果放在横梁下方，长时间使用沙发，会让人觉得压抑，产生不适。

（2）沙发、床等后背不宜临空，应有相应的靠背

沙发和床在摆放时最好靠墙，即使不能靠墙，也应有其他的阻挡物（如屏风、隔断等）作为其靠背。如果临空摆放，则容易使人没有安全感，造成精神上的一些不安。

（3）床头不宜摆放大型的挂画，床的上方不宜装大型的吊灯

床是人们用来休息安神的地方，若在床头摆放大型挂画，万一挂画掉落容易伤人，吊灯也一样，不宜放在床的上方，这些都容易让人感觉不安，从而影响睡眠。

（4）床头不宜靠窗、靠门

床头不宜靠窗、靠门，否则门窗外的风寒容易进入头部，比较容易引起感冒头痛。

（5）卧室不宜安装大面镜子

卧室不宜安装大面镜子，特别不适合放在床对面，镜子的反射容易让人产生幻觉，久而久之，容易使人神经衰弱。

（6）家中植栽宜选宽阔叶片的植物

家中植栽宜选宽阔叶片的植物，忌选仙人掌类尖细叶片的植物，此类植物容易伤到人，具有安全隐患。

（7）室内配色禁忌

①餐厅不宜用蓝色等冷色调，冷色调会使食物看上去不新鲜，从而影响食欲，也会在一定程度上影响就餐情绪和气氛。因此，餐厅最好以暖色，特别是橙色为主，暖色会使食物显得新鲜诱人。

②卧室不宜用浓重的粉红色和红色。这种颜色会让人处于亢奋状态，长久居住会让人感到烦躁，并出现情绪不稳的状况。

③书房不宜用黄色做主色调。黄色往往充当着警示色的角色，如果做主色，会带来较大的视觉刺激，容易造成视觉疲劳。书房可以采用淡蓝色、米色等比较清新、温和的色彩。

④不要用单一的金色装饰房间。金色是最容易反射光线的颜色之一，金光闪闪的环境对人的视觉伤害最大，容易使人神经高度紧张，不易放松。建议避免大面积使用单一的金色装饰房间。

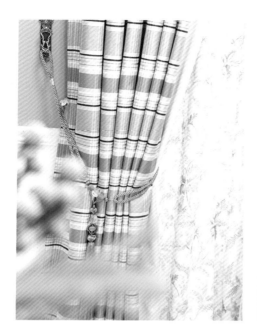

第6章

软装管理流程
Soft furnishing management process

了解项目的地段、价位、档次以及客户的需求，做到胸有成竹，
是项目签约成功的关键……
功能、环境、风格等概念设计方案的形成是项目推进的基础……
品牌的确定，产品的定制和采购、发货、安装、摆场是项目成功
实施的关键点……

6.1
软装公司的设计流程

（1）项目洽谈

①项目洽谈是签订一个项目的关键。在正式洽谈之前，应对项目的地段、文化、价位、档次等相关资料进行调查，了解客户，做到胸有成竹。设计师在自身具备一定能力的基础上，要对自己充满信心，可以通过网络、电话跟客户进行简单的交谈，取得客户信任。

②最好是在项目现场跟客户进行深层次的交谈，了解各方面的信息。首先，要对生活方式进行探讨，包括客户及家庭成员的生活习惯、文化喜好、宗教禁忌、生活动线。其次，要对色彩元素进行探讨，仔细观察了解硬装现场的色彩关系及色调，探讨整体方案的色彩。最后，则是对风格元素的探讨，与客户沟通要尽量从装修时的风格开始，以客户的需求结合原有的硬装风格，尽量为硬装缺陷做弥补，注意后期的配饰与硬装保持和谐统一。对于家具、布艺、饰品等产品细节，应捕捉客户喜好。

> **小提示**
>
> - 揣摩客户性格很重要。对于性格强硬的人，需要先肯定、再引导。对于特别细致的人，需要给出更细致的建议。对于摇摆不定、没有主见的客户，需要帮助他做决定。
> - 要学会观察，揣摩客户的经济实力，从言语交谈中了解对方的经济实力，让建议与方案切中他的承受能力。不要盲目地进行推荐，要具有针对性，这也有助于使客户感觉放松和安全，使客户为自己的消费行为增强信心。
> - 要揣摩客户的生活方式、品行和人际关系。以一种对方喜欢的姿态或形象和他接触，在短时间内取得客户的信任和好感，了解客户的品行，以更好地自我保护。

③跟客户交谈后，就需测量空间的具体尺度及硬装基础，画出平面图、立面图，并对空间的各个角度进行拍摄，大场景可以用平行透视，小场景用成角透视，对重要局部的每一个细节都要有记录，把握空间尺寸，以方便后期的软装设计。另外，要大致确定空间流线、风格趋向和色彩定位，以口头的形式形成初步的概念性方案，并以定金的方式与客户签订设计合同。

（2）项目设计

①在签订设计合同之后，为前期洽谈中的概念，包括功能性概念、环境性概念，以及风格、颜色上的概念制作初步设计方案。

②带着基本的构思框架到现场反复考量，对细部进行纠正，全面核实产品尺寸，感受现场的合理性。最好准备2~3套方案（如一套高档的，一套中档的）供客户选择。

③根据项目概况，首先针对项目的价格定位做一个项目预算，通过家具市场、灯具市场、窗帘市场、饰品店及各类产品的厂商网站这些资源，对产品品牌进行了解、认识，根据品牌、报价、产品种类做成资料库，并联系相应厂家，了解所需产品的价格，做一个适合该项目的预算表，并要求供货商提供CAD图、产品列表和报价。

④在定位方案与客户达成初步共识的基础上，通过产品的调整，明确本方案中各项产品的价格及组合效果，进行方案制作，制定完整的配饰设计方案。配饰设计一般可用Photoshop来完成，并制作成PPT形式。

⑤用动画、手绘、PPT、平面图、效果图等形式向客户系统全面地介绍和展示方案，并在介绍过程中不断接收客户的意见反馈，对方案进行一些补充、修改和调整，包括色彩、风格、配饰元素及价格的调整。要深入分析客户对方案的理解，这样方案的调整才能有针对性。

⑥双方意见达成一致后，制作精确的报价单，签订第二份合同，也就是实施合同。并要求收取一部分设计费，通常要求先支付50%～60%，在拿到设计费之前，一般不把方案交给客户，只在交谈中展示方案。

（3）项目实施

①在签订实施合同之后，对产品的品牌进行定型，制定精细预算单。对于家具品牌产品，应先带客户进行样品确定。对于定制产品，设计师要向厂家索要CAD图并配在方案中。

②与客户签订采买合同，时间上应该在与厂家确保发货时间的基础上增加15～20天，给自己留有空间和时间，以免发生意外。在此同时应与厂商签订供货合同。如果是定制家具，则应注明毛茬家具，生产完成后要进行初步验货，并要在家具未上漆之前亲自到工厂验货，对材质、工艺进行把关。

③通过财务审核下单，进行采购、加工、发货等一系列程序，设计师定期跟进，检查整个流程。一般配饰项目中的家具应先确定采购，其次是布艺和软装材料，最后才是其他配饰品。具体情况要根据具体时间来定。

④安装、摆场。摆场也是设计师能力的体现，一般按照软装材料—家具—布艺—画品—饰品的顺序进行调整摆放，设计师应亲自到场摆放。

提示　在整个设计流程中，应以客户的实际需求和利益为出发点，同时在整个过程中应注重团队合作。一个完整的软装项目需要整个团队合作完成，从公司的前台接待到洽谈、设计、采购、摆场、验收、售后服务等一系列工作，都需要团队紧密合作。

6.2
软装预算及合同制作

1. 软装预算

项目预算需要制作项目预算表，内容包括类别、区域、名称、图片、品牌、规格/材质、数量、单价、总价等。

软装预算样例如下表所示。

品类	区域	产品	图片	品牌	规格/材质 （长×宽×高，厘米）	数量	单价/元	总价/元
金华湖头自建别墅预算表								
家具	客厅	四人沙发		kuka	438×102×890 真皮	1	¥50 614.00	¥50 614.00
		定制屏风		东厢记	500×4.5×166 黑胡桃木	1	¥6 800.00	¥6 800.00
		圈椅沙发		木译	72.5×53.5×78 榆木	4	¥1 480.00	¥5 920.00
		边几		北欧假日	60×60×55 松木	4	¥780.00	¥3 120.00
		圈椅		北欧假日	75×75×87 榆木	2	¥1 588.00	¥3 176.00

2．软装设计合同

软装设计合同一般可分为设计合同和实施合同。合同内容包括合同编号、签订日期、委托方、设计方、项目概况、具体的合同条例、双方责任、双方签字及盖章等。

（1）软装设计合同样例

××公司软装配饰设计合同

　　合同编号：　　　　　　　　　　签订日期：

　　委托方：（以下简称甲方）

　　设计方：（以下简称乙方）

根据《中华人民共和国经济合同法》等有关法律、法规的规定，乙方接受甲方的委托，就委托设计事项，双方经协商一致，签订本合同如下。

一、工程概况

　　1．项目地点：_____

　　2．项目名称：_____

　　3．项目建筑面积：_____，楼层数_____层，有（或无）电梯_____

二、设计程序

　　1．甲乙双方经协商设计费按套内建筑面积每平方米_____元计取。设计费总计_____元。

　　2．设计协议签订后，即由甲方付与乙方方案设计定金为总设计费的_____%，即_____元。

　　3．乙方在收到甲方提供的有关图纸，对工程进行实地勘测后_____天内，提出设计构想，形成设计方案概念图，由甲方审阅。

　　4．在甲方确认概念方案并支付软装设计费即总设计费的_____%之后，乙方在_____天内完成所有设计方案，包括平面索引图、单品说明图、配饰效果图（_____区域各一张）等，并以PPT形式展示。

　　5．软装设计方案由甲方负责确认，确认后甲方在索取方案时，须支付尾款_____元，即设计费的_____%。

　　6．软装设计方案由甲方签字确认后，并由乙方盖好公司公章后，方案正式生效。

　　7．其他约定：

三、双方责任

（一）甲方责任

1．甲方保证提交的资料真实有效，若提交的资料错误或变更，引起设计修改，须另付修改费。

2．在合同履行期间，甲方要求终止或解除合同，甲方应书面通知乙方，乙方未开始设计工作的，不退还甲方已付的定金；已开始设计的，甲方应根据乙方已进行的实际工作量，不足一半时，按该阶段设计费的一半支付；超过一半时，按该阶段设计费的全部支付。

3．事先经甲乙双方确认的方案，后期甲方提出2次以上修改的，乙方工作量增加须增加设计费。

4．对未经甲方确认，或未付清设计费的方案均不能外带。

5．甲方要求更改方案须经乙方同意，如甲方执意要改的，其一切后果均由甲方自负。

6．甲方有责任保护乙方的设计版权，未经乙方同意，甲方对乙方交付的设计方案不得向第三方转让或用于本合同外的项目，如发生以上情况，乙方有权按设计费的双倍收取违约金。

7．凡甲方在设计图纸上签字或付清全部设计费后均作为甲方对设计方案的签收和确认。

（二）乙方责任

1．乙方按本合同约定向甲方交付设计文件。

2．乙方对设计文件出现的错误负责修改。

3．合同生效后，乙方要求终止或解除合同，乙方应双倍返还设计定金。

乙方负责向甲方解释方案和协助解决其他相关的疑难问题。

四、其他

1．如本设计项目非本公司采买的，由于各种原因需乙方多次到实施现场的，市区内甲方应支付乙方＿＿＿＿元/次的外出费，市区外甲方应支付乙方＿＿＿元/次的外出费，甲方承担交通费和差旅费。

2．本合同在履行过程中若发生纠纷，委托方与设计方应及时协商解决。协商不成的，可诉请人民法院解决。

3．本合同未尽事宜，双方可签订补充协议作为附件，补充协议与本合同具有同等效力。

4．本合同一式两份，甲乙双方各执一份，本协议履行完后自行终止。

甲方（盖章）：　　　　　　　　乙方（盖章）：

甲方代表签名：　　　　　　　　乙方代表签名：

电话：　　　　　　　　　　　　电话：

地址：　　　　　　　　　　　　地址：

日期：　　　　　　　　　　　　日期：

（2）软装实施合同样例

××公司软装实施合同

合同编号：　　　　　　　　　　签订日期：

委托方：（以下简称甲方）

设计方：（以下简称乙方）

兹有甲方委托乙方承担＿＿＿＿＿＿＿＿项目室内软装订制、采购、摆放工作。根据《中华人民共和国经济合同法》等有关法律、法规的规定，乙方接受甲方的委托，就委托设计事项，双方经协商一致，签订本合同如下。

一、工程概况

1．项目地点：＿＿＿＿＿＿＿＿＿＿＿＿＿＿＿＿

2．项目名称：＿＿＿＿＿＿＿＿＿＿＿＿＿＿＿＿

3．项目建筑面积：＿＿＿＿＿＿＿，楼层数＿＿＿＿层，有（或无）电梯＿＿＿＿

二、软装设计工程实施内容

1．报价清单（包括家具、灯具、布艺、饰品、花卉绿植、地毯等）。

2．采购预算（包括采购物品的名称、规格、数量、单价、总价等）。

3．工作周期表。

三、工作周期

1．采购阶段：根据前期设计方案，进入采购阶段，乙方应先付预付款＿＿＿＿＿＿元，在乙方收到甲方的预付款之后＿＿＿＿＿＿个工作日内完成物品的采购或订制工作。

2．安装摆放阶段：采购或订制阶段完成之后，确定甲方现场的硬装工程已施工完毕，并清洁好现场之后，乙方到达现场完成物品的安装、摆放工作。进行该工作时，主设计师必须在场，确保现场的摆放效果。

3．该工作周期为＿＿＿＿＿＿天（从合同生效日算起）。

四、甲方责任及权利

1．甲方应按合同约定的时间和金额及时支付工程进度款。

2．甲方若在合同签订后，在该项目进行阶段无故单方面终止合作，若乙方还未完成采购或订制，甲方需按照乙方已经完成的工作量支付相应的费用，并支付甲方工程款10%的违约金。若乙方已完成采购或订制，则甲方需按照乙方已经采购或订制的物品价格全额赔偿。

3．在项目进行的过程中，甲方需要有一名主负责人负责与设计师沟通交流，若甲方中途更换负责人，需书面通知乙方，直到工程结束。

4．若因甲方原因导致工程时间滞后，乙方概不负责。

5．乙方向甲方提供的各种资料和图片，甲方有权保护，未经允许，甲方不得私自转给第三方。否则，乙方将追究其法律责任。

6．在陈设物品到达现场的摆放阶段，乙方有责任协助甲方（主要负责）保护其成果，若有人为破坏，乙方可协助修复，甲方需承担相应的费用。

五、乙方责任及权利

1．乙方按照合同规定时间及时向甲方提交相应的材料和服务，若无故延迟交货，或未按照合同规定时间完成工作，需按日支付甲方未付金额千分之一的违约金。

2．乙方需保证项目设计文件的质量，若乙方提供的商品存在质量问题需无偿更新，并承担相应的费用。

3．若因自然因素或其他不可抗力造成的工程时间延后，乙方不承担责任。

4．若因所选物品的审美不同，造成双方的争议，乙方应尽量与甲方协商，并满足甲方的购买意图。

六、费用给付金额及进度

1．本项目软装费用总金额合计人民币_____元整（大写）。_____元整（小写）。

2．本项目软装费用共分3期，在合同签订后三天之内，甲方需向乙方支付项目总费用的60%作为预付金，合计人民币_____元整（大写）。_____元整（小写）。

3．货到现场甲方检查并签收后需支付乙方项目总费用的35%工程款，合计人民币_____元整（大写）。_____元整（小写）。

4．现场软装摆放设计完毕后，于当天交付甲方验收，验收合格后，甲方支付乙方该项目5%的尾款，合计人民币_____元整（大写）。_____元整（小写）。

七、物品的接收

1．乙方采购的物品到达项目所在城市之后，甲方需现场接收并查验，无异议后签字确认。

2．若因运输过程造成物品的破损或毁坏，乙方负责协助甲方协商解决。

3．甲方在确认现场的硬装工程全部结束并清洁好现场后，需书面通知乙方。乙方收到确认函后，方可到达现场工作。

八、物品摆放过程中，甲乙双方的配合

1．在项目现场摆放阶段，甲方需确保现场无与该项目无关的人员在场。

2．甲方负责安排人员将物品搬运到现场，并负责物品的开箱工作并核对数目。

3．甲方需有一名主要负责人在现场，与设计师随时沟通，处理相关事件。

4．甲乙双方负责人员需随时清理物品摆放过程中出现的垃圾，保证环境卫生。

5．在现场摆放阶段，甲方负责物品的安全，保证物品不会遗失。

九、质量的保证及验收

1．若所需采购的商品因为市场因素，或现场的摆放效果不理想等因素，在征得甲方同意之后，方可调整。

2．甲方需在乙方现场配饰摆放完成后，检查验收，并支付剩余尾款。甲方若无故拖延或未验收，视为验收合格。

十、其他

1．在项目进行期间，甲乙双方若有纠纷，应尽量协商解决。未果，可在当地人民法院起诉。

2．本合同在项目完成，双方履行完各自的义务之后，自动解除。

3．对于合同中未尽的事宜，可附加协议。附加协议与本合同具有同样的法律效力。

4．本合同一式两份，甲乙双方各持一份。合同自双方签字盖章之日起生效，具有同等的法律效力。

甲方（盖章）:　　　　　　　　　　乙方（盖章）:

甲方代表签名:　　　　　　　　　　乙方代表签名:

电话:　　　　　　　　　　　　　　电话:

地址:　　　　　　　　　　　　　　地址:

日期:　　　　　　　　　　　　　　日期:

B-1

A-1

软装设计
项目实战篇

本篇知识要点：

◉ 居住空间软装设计

项目一 新中式风格软装设计

项目二 现代轻奢风格设计

◉ 公共空间软装设计

项目一 酒店软装设计

项目二 主题咖啡厅软装设计

第 7 章

居住空间软装设计
Soft furnishing design of living space

人们在时尚的家居环境中感受如梦般的闲情，忘记城市的喧嚣，
卸下一身的繁华，享受静怡的居家氛围。忙碌之余，有那么一处
空间可以肆无忌惮地遐想、眺望，是多么惬意……

项目一
新中式风格软装设计

随着民族风、国潮风的刮起，社会各界逐渐开始重视民族风情，家居设计也加入了中国风的元素。民族的就是世界的，民族的就是时尚的。快节奏的生活，使现代新中式流行开来。新中式风格既弥补了传统古老的中式风格对现代生活方式的不适应和现代风格过于冷清的不足，同时又满足了现代人对传统精神文化的追求。现代新中式风格取中国文化之精髓，以现代的设计眼光，兼顾现代人对生活的理解和追求，同时将中国传统文化的元素融入到现代装饰设计中，形成独特、时尚的"国潮风"，将典雅庄重的中国文化和现代时尚融于一体，体现出现代的包容性和人文性，表现了国人对生活的期待。下面我们通过一个完整的新中式风格软装设计项目，来掌握新中式风格软装设计的思路和方法。

项目分析

项目的设计任务一般有以下几部分内容。

（1）项目分析，了解项目概况、硬装基础及客户要求。

（2）做好项目预算，了解新中式风格的相关家具品牌。

（3）制作项目方案。

（4）项目的采购和摆场。

知识要点

1. 设计之源——文化背景

要把握好新中式风格的软装设计，首先必须了解中国的文化底蕴，需要多方位的知识积累，对中国的传统文化、宗教历史、传统建筑、绘画雕刻、茶道礼仪等方面的知识进行融会贯通，因为这些都将成为新中式风格软装设计的元素之一。

（1）传统建筑

在中国古代，私人空间与待客空间是严格分开的，厅堂的设计更注重礼仪制度，所以陈设多讲究对称端正。

（2）绘画雕刻

中国的绘画雕刻举世闻名。

中国画是中国传统的绘画艺术，绘画内容包括山水、人物、花鸟等。中国画一般分为写意画和工笔画：写意画即用简练的笔法描绘景物，多画在生宣上，大笔挥洒，墨彩飞扬，其较工笔画更能体现和描绘景物的神韵，也更能直接地抒发作者的感情；工笔画则是以精谨细腻的笔法描绘景物的表现方式。中式的软装设计自然少不了中国画和书法。

雕刻，是人类文明前行的见证者，是最典型的造型艺术。中国的木雕、石雕、砖雕都是举世闻名的，特别是明、清时期木雕工艺非常发达，在宫殿、寺庙、宅邸、会馆及园林、店面建筑中，广泛使用了雕刻装饰，留下很多实物，具有很大的参考价值。雕刻在现代软装设计中同样应用广泛。

▲ 迎门的桌案和前后檐炕为整个布局的中心，旁边配以成对的椅、几、柜、橱、架等，体现出严谨的秩序感

▲ 取自天然材料的设计素材最得传统中式设计的神韵，如琢如磨的细腻工艺让整个样板房设计质朴而清雅，原木材料的大量运用带来如沐清风的舒展惬意。丝滑的绸缎屏风绘着工笔花草，少许禅意的营造提升了空间的文化韵味，一丝不苟的线条让空间大气通透，色调把握与灯光照明极为协调，一切都恰到好处

▲ 上图中背景两侧就是采用传统雕刻图案的门窗，其与中间的大理石花纹不管是在造型上还是在材质上都有着强烈的对比，具有很强的视觉冲击，而两边对称的造型又不失传统的严谨

▲ 将传统图案做成镂雕来做餐厅的半隔断，使空间通透而明亮，一方面装饰空间，把中式的氛围渲染得淋漓尽致，另一方面又具有分割空间的作用，这也是新中式软装中常用的手法

（3）服装

服装是文化的表征，是思想的形象。中国服饰的历史源远流长，从原始社会一直到近现代，中式服装都以其鲜明的特色为世界所瞩目。服装的细节设计、装饰设计、风格设计都反映出这一时期设计者的奇巧别致、独出心裁，它们是新中式风格设计中的元素之一。

▲ 中式服装

（4）器皿

中国古代的器皿种类之繁、造型之美，堪为世界之冠。各种器皿的图案、色彩、造型、颜色、材质等都将成为新中式风格的一部分。

▶ 中式器皿

（5）茶道礼仪

茶道属于东方文化，早在我国唐代就有了"茶道"这个词。古人品茶讲究六境：择茶、选水、候火、配具、环境和品饮者的修养。一招一式有极严格的要求和相应的规范。因此，品茶有"一人得神""二人得趣""三人得味"的说法。在中式风格的室内陈设中，茶席是必不可少的。茶席的摆放通常要先确定茶器，再根据茶客与茶器的关系布置。茶席的布局十分重要，在茶席布置中，茶壶是主题表现物，茶壶必须与茶海、茶托等互为呼应，通过对比来突出主题表现。茶席的铺垫主要是为了烘托主题、提升茶席布置的艺术品位，茶席铺垫的色调、图案、质地及风格往往决定了整个茶席的主基调。

▲ 茶托、茶席等茶具套件

从材质上来说，茶席的铺垫可以用布、丝、绸、葛、竹、草等材料，也可从自然中就地取材，如石块、落英、荷叶等，另外可以用原木、红木、大理石等进行布置。在茶具的摆放上要有场景设计，要求实用美观、布局合理、注重层次、有线条的变化。如摆放的时候应由低到高，将位置低的茶具放在客人视线的最前方，壶嘴不宜对着客人，以表示对客人的尊重，茶具的图案要面对客人，并摆放整齐。最后，在合理的茶具布置外，应使用插画、盆景、香炉、蜡烛及小工艺品进行装饰，来营造整个氛围。

▲ 中式茶室设计

2. 设计工具——软装元素

（1）家具

中国传统家具最具有代表性的是明清家具，它们雕刻精致，成本昂贵，意蕴优美，但不适合现代生活所要求的舒适和简便。因此新中式家具应运而生。设计师们在新中式家具的设计中一般呈现3种设计形式。

①形态。中国传统家具的风格形态最具韵味，因此新中式家具设计中常用的手法就是尽可能保持原有的结构，并在此基础上进行改造，使之既具有传统的造型，又有现代的时尚，从而给人一种全新的感受，这种新形态对于设计师和使用者来说都是一种美的体验。

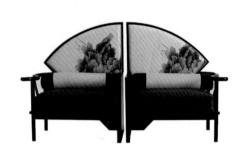

▲ 在原有结构上改造

②材质和色彩。中式家具的发展历程浸润着王公贵族及文人士大夫对中国儒家精神及禅道的追求，天然、淳朴、大气、雅致、祥和，在用材上讲究的是优良木质，色彩上多为原木色、棕色、深红色等颜色，因此这一类家具不管是木作或是藤编，多以展现原来的质感和颜色为主，只是在外观上做了大量的简化。

▲ 展现原有质感和颜色

③传统符号。设计师们将传统装饰特征、图形符号，通过变形、夸张、简化等处理，利用现代新型的材料进行加工设计，让现代与传统形成有效的结合。

▲　传统符号变形

（2）布艺

新中式的布艺主要体现在两方面：一是对中国传统图案（几何纹、器物纹、文字纹、植物纹、动物纹及人物纹等）的运用，题材上多以吉祥图案为主，体现人们对美好生活的向往和寄托。二是对布艺材质的选择。丝绸是中国古老文化的象征，承载着中国的人文精神，给人高贵典雅、自然飘逸的感觉，是新中式风格的首选，如丝绸画，丝绸材质的桌旗、床旗、抱枕、坐垫、屏风等。另外，棉麻材质也是新中式风格中常用的，适合用于带有禅意、崇尚自然的环境中。

▲ 新中式布艺

（3）灯具

中式灯的造型讲究对称和色彩对比，图案多为中式元素，强调古典和传统文化神韵，如传统雕刻图案、山水花鸟图案等。材质以镂空或雕刻的木材居多，宁静古朴。另外，陶瓷是中国几千年来文化与品位的载体，所以陶瓷灯也是新中式灯具的典范。

▲ 新中式灯具

（4）饰品

①民族工艺品。我国有五十六个民族，每个民族都有自己的特色，特别是少数民族，有自己独特的色彩和工艺表达形式。使用这些具有民族特色的工艺品点缀，更能表现出新中式风格的典型特征。

▲ 民族工艺品

②画品。传统中式风格中运用最多的画品就是中国画，而新中式风格中对画品的选择加入了现代的元素。

▲ 新中式山水画打破了传统山水画的画法，用简易的处理方法来表现山水

▲ 晶瓷画也是新中式轻奢风格中常见的装饰搭配，优雅的麋鹿充满自然之意，具有优美的想象力，同时鹿音同"禄"，寓意福禄、吉祥

③ 摆件。中式的摆件多种多样，有些有着深刻的寓意，如用鹿做装饰代表福禄，用喜鹊做装饰代表喜气。

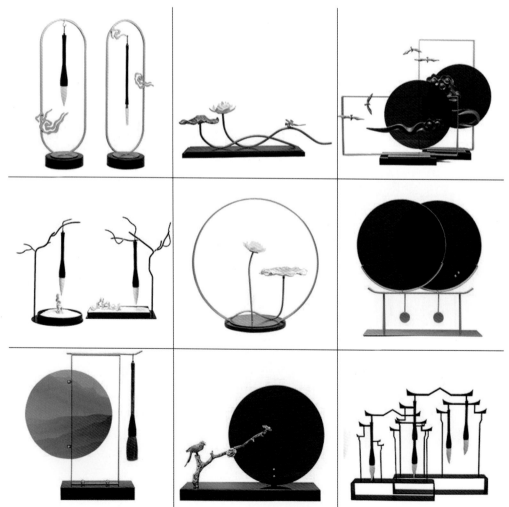

◀ 富有意境的新中式笔架摆件

▶ 喜鹊、鹿都是中国传统的吉祥动物，以此作为设计元素做出的摆件寓意深远

④瓷器。瓷器以其独特的民族文化特色代表着中国悠久的历史文明。精美的图案、丰富的色彩、精湛的工艺，都体现着中国文化的面貌。室内软装设计运用陶瓷元素也已成为必然趋势。

▶ 新中式风格中采用的瓷器

⑤乐器。中国乐器文化历史悠久，品类繁多，如古筝、埙、二胡、云锣、钹等，各种乐器虽然形态各异，但是却各有特色。在新中式风格的空间里摆放一把古琴，会制造意想不到的意境。

▲ 新中式常用的乐器

3. 设计整合——空间搭配

（1）空间分析

①客厅空间。客厅是整个住宅的中心，布局上大多采用对称式，用以营造清幽雅致的生活氛围。沙发是客厅的主体，在沙发的选择上应该考虑整体的色调及风格，造型上可以选择传统与现代的结合，然后根据家具的定位来选择其他的布艺、灯具、饰品等。客厅的饰品要耐看，色调要和主色调相统一，尽量以现代人的审美需求来打造具有传统韵味的装饰风格。茶几上可以摆放与客厅风格一致的茶具，也可以放些新中式的烛台。

▲ 图中客厅以米色为主色调，加以蓝色点缀，使整个空间显得清爽淡雅。家具的造型上既有传统的韵味，又带着现代的时尚。屏风采用丝绸的材质加上素淡的花色，与地毯颜色相呼应，使整个环境非常清雅脱俗，是时尚与传统的完美结合

▲ 采用画有山水画的墙纸作为餐厅背景，色调朦胧，墙纸与梅花图案的地毯统一为灰色调，带有一定的中式韵味。简洁大方的桌椅让空间又多了一份时尚感

②餐厅空间。餐厅要跟客厅及整个空间的格调一致。中式餐厅的氛围更应考虑中国的传统理念，如桌布的布置可以考虑使用具有中国特色的带流苏的丝绸，餐桌上可摆放茶具等。再加上书画的点缀，可以使餐厅流露出一种文人墨客的情怀。

③卧室空间。卧室空间最主要的是床及织物的选择，如中式传统架子床的应用。床上用品可以选择有传统图案的床单，料子一般以棉、麻及丝绸为主，床旗、墙纸和抱枕可用中式刺绣，窗帘可以选择素雅的颜色。另外梳妆台上也可以放些具有中式特征的梳妆盒等，尽量将传统文化运用到空间装饰中，以显示其文化韵味。

▲ 中式传统架子床的应用

▲ 选择传统风格的床上用品

④书房空间。书房可以从书柜、书架的造型及陈列上着手，如放一些青花瓷瓶、檀香扇、书画罐等来渲染气氛。

▲ 书架与多宝格融为一体，而镶边的设计在传统布局的意义上又多了一份设计感，书架中陈列的瓷瓶、瓷盘、书本给书房增添了更多的书香气息

（2）色彩分析

新中式软装设计中，红色是我们经常遇到的一个色调。除了红色之外，青花蓝、水墨黑、青灰色、钛白色、绿色、黄色等都是中式氛围里常见的色彩。根据使用者的爱好和个性，选择相应的颜色搭配，渲染出富有中式特色的氛围，打造一个时尚而又具有中式经典风情的生活空间。

▲ 墙体素极，水泥与涂料足矣；屏风艳极，与墙体对比更显华丽

▲ 黑白灰搭配

▲ 红与黑的搭配

▲ 白色与青花蓝的搭配使卧室既清新又不失时尚美感。青花之美，在于幽静与高雅，虽然色调单一，在简洁中却透露出雍容华贵的气度，有着不可言说的美

项目实施

用户需求包括户型、面积、格局、定位等，要根据用户需求确定平面布置图、整体风格、色调等。

概念设计方案：湖州镜湖春秋软装设计方案

作者：吴越波

▲ 新中式风格软装设计
拓展案例

（1）方案封面

▲ 封面是一套方案的门面，是呈现给客户的第一印象，封面的设计和整体方案有着密切的联系，其应体现整套方案的灵魂。本案从封面上就传达了整体方案的主题、色彩及风格等信息

（2）目录

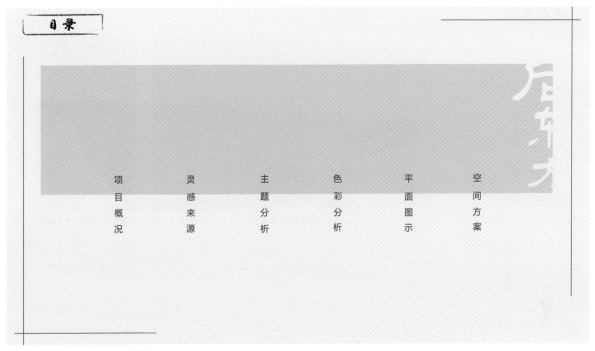

▲ 目录相当于整个项目的提纲，其设计在风格上应与整体风格一致，以简洁明了的形式进行设计展示

（3）项目概况

▲ 项目概况是对项目的大概介绍，这也是整体方案中不可或缺的。本案采用示意图与文字结合的方式阐述了此方案的基本情况

（4）灵感来源

灵感来源

以水墨声色渲染出独特的意境，让东方为魂、时尚为骨的设计精髓得到最好的诠释和注解。

▲ 设计来自于灵感，一个故事、一部电影、一幅画都有可能给设计师带来灵感，设计师从中寻找主题，提炼色彩，将主题贯穿整套方案

（5）主题分析

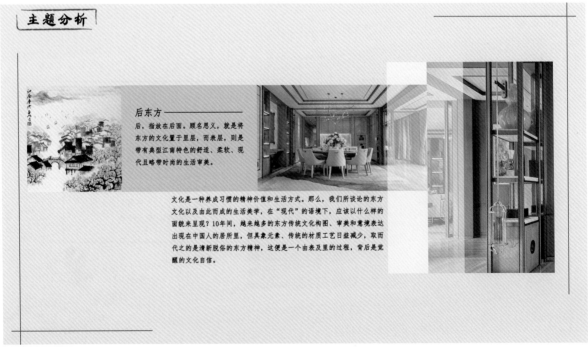

主题分析

后东方

后，指放在后面。顾名思义，就是将东方的文化置于里层，而表层，则是带有典型江南特色的舒适、柔软、现代且略带时尚的生活审美。

文化是一种养成习惯的精神价值和生活方式。那么，我们所谈论的东方文化以及由此而成的生活美学，在"现代"的语境下，应该以什么样的面貌来呈现？10年间，越来越多的东方传统文化构图、审美和意境表达出现在中国人的居所里，但具象元素、传统的材质工艺日益减少，取而代之的是清新脱俗的东方精神，这便是一个由表及里的过程，背后是觉醒的文化自信。

▲ 主题是整套方案的中心所在，有主题的设计才是有灵魂的，围绕主题展开设计会让方案更加统一协调，也更具有灵性

（6）色彩分析

▲ 色彩是软装设计中很重要的一部分，在设计方案之前应该对项目的色彩做整体的规划，设计师可以从一些灵感图片中去提炼一些色彩，作为项目中所需的色彩搭配

（7）平面图示

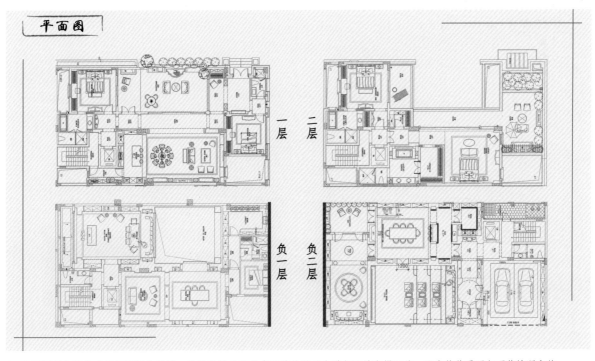

▲ 平面图示主要是对项目硬装的展示，软装设计必须是在硬装的基础上进行设计和搭配的，注意软装需要与硬装协调和统一

（8）各空间设计方案

在了解项目概况、硬装基础，确定风格特征、设计主题及主要的色彩搭配后，就可以对项目做总体的设计搭配，对空间的每一个区域，进行软装的设计与搭配。

▲ 客厅示意是通过意向图对客厅空间大致做总体的介绍，使客户对自己未来的家有一个概念上的认识

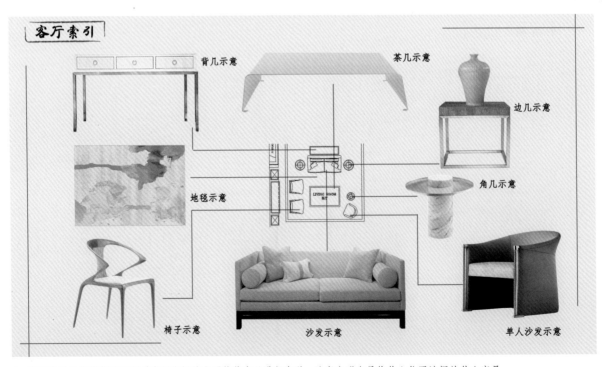

▲ 客厅索引是指根据平面图对客厅空间的主要软装产品进行索引，让客户明白具体什么位置该摆放什么家具

▲ 客厅效果图是指客厅主要软装产品摆场后所体现的空间效果

▲ 客厅是居住空间最主要的公共区域，客厅的立面陈设也很重要，可以通过立面展示的方式展现其陈设效果

餐厅效果

客厅、餐厅不设区间隔断，如此，一个贯通的大空间便构成了一层的体验架构：便于聚会互动且让人感觉开敞舒适。水绿色的橱柜与位于客厅视觉中心的大体量白色石材壁炉相搭配，给人现代但不失禅意的意境感受。

▲ 这是摆放餐桌椅之后餐厅的总体效果

厨房效果

▲ 厨房效果可以通过意向图和厨房陈设品的摆放等进行展示

▲ 使用主卧空间所需的软装产品进行摆放的空间效果

▲ 主卧床品图中展示了床品的样式、面料和色彩

▲ 女孩房的设计，包括家具、灯具、墙面装饰、床、窗帘、饰品等，色彩跟总体方案统一，粉绿加藕粉色的点缀，又不缺乏少女味

▲ 老人房采用了米色系列，色彩低调又有内涵。背景用了松鹤图案的墙纸，寓意长寿。水绿色的太师椅点缀，使空间跟整体方案很好地相呼应

▲ 衣帽间的设计也是跟整体方案相呼应的，无论是色彩还是柜子的款式都能恰到好处地与其他空间融为一体

▲ 棋牌室虽然只是休闲区的一角，但是搭配上不容忽视，水绿色的桌面刚好和其他空间有了较好的互动

▲ 琴房空间干净利落，没有太多的装饰，陈设女主人喜欢的古筝和古琴足矣，水绿色的座凳同样起到了点缀呼应的作用

▲ 对窗帘的样式、材质及颜色搭配做了全面的交代，让客户一目了然

▲ 露台休闲的桌椅也迎合了整体方案的风格、色彩，落地灯样式自然而又带点中国风，是点睛之笔，总体风格舒适、雅致又大方

项目二
现代轻奢风格设计

▲ 后现代轻奢风格设计
拓展案例

概念设计方案：绍兴市万晟悦府软装设计方案

作者：孙亿文

（1）方案封面

绍兴市万晟悦府软装设计方案
SOFT DECORATION DESIGN SCHEME

（2）目录

目 录

1. 封面
2. 目录
3. 项目概况
4. 灵感来源
5. 主题分析
6. 心情版
7. 平面布置图
8. 空间软装搭配

（3）项目概况

项目概况

一、项目概况

项目名称：绍兴市万晟悦府3栋25号楼
面积：330㎡
户型：五室两厅五卫
户型格局：三层

二、客户定位

　　一家三口，父母偶尔过来小住，丈夫为外企中层，妻子为自由职业，女儿10岁，爱好舞蹈，学过钢琴和古筝，一家人性格都比较开朗，喜欢追求时尚，希望未来的家温馨、舒适，具有一定的设计感。

三、风格定位

现代轻奢

四、装修主色调

　　空间色调以白、灰为主，软装陈设以米色、墨绿色、湖蓝色、咖色为主，局部点缀黑色、金色。

五、家具风格

后现代北欧

六、色彩关系

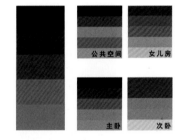

公共空间　女儿房

主卧　次卧

（4）灵感来源

灵 感 来 源

（5）主题分析

主题分析

　　本方案的主题是"格调"，格调是指在作品中表现出来的美学品格和思想情操。正是人的生活品位和格调决定了人们所属的社会阶层，而这些品位格调只能从人的日常生活中表现出来。

　　本方案是现代轻奢风格，以时尚大胆为主张，主要采用深沉的魅影黑与备受青睐的墨绿，其中还包括一些香槟色的点缀，让空间更显质感。绿色应该是色彩中使人感受最舒适的颜色，能给人成熟、老练、深沉等感觉，往往作为标志色和宣传色，生活在绿色的空间里，梦都是清新的。

（6）各空间方案设计

一楼平面布置图

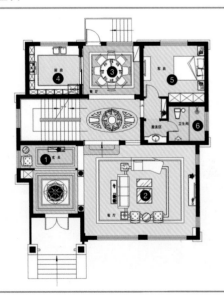

1. 玄关
2. 客厅
3. 餐厅
4. 厨房
5. 客房
6. 卫生间

玄关效果图

客厅索引图

客厅效果图

餐厅索引图

餐厅效果图

厨房

二楼平面布置图

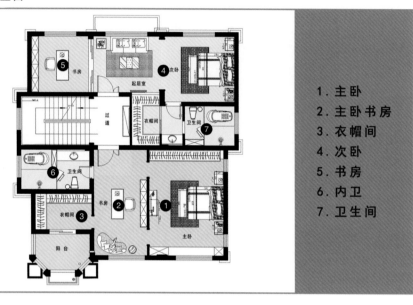

1. 主卧
2. 主卧书房
3. 衣帽间
4. 次卧
5. 书房
6. 内卫
7. 卫生间

主卧索引图

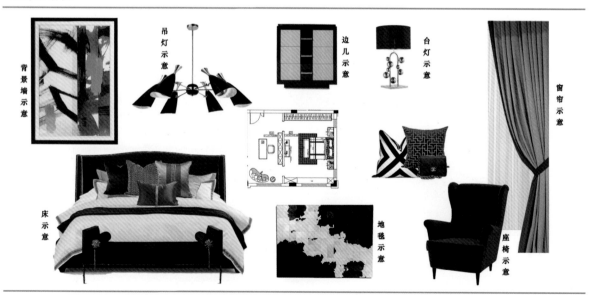

主卧效果图

主卧床品图

主卧书房

主卧衣帽间

次卧索引图

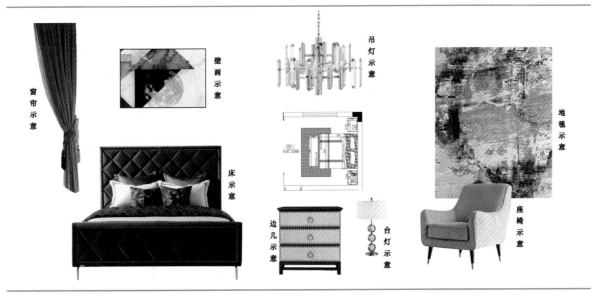

窗帘示意

壁画示意

吊灯示意

地毯示意

床示意

边几示意

台灯示意

座椅示意

次卧效果图

书房效果图

主卧卫生间

外卫

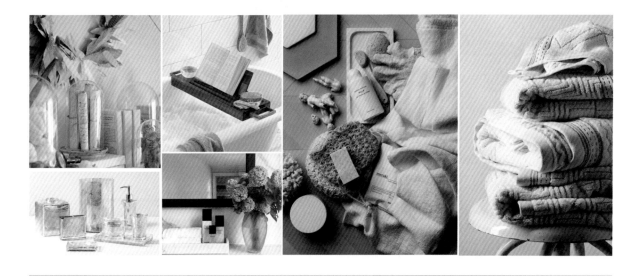

三楼平面布置图

1. 女儿房
2. 女儿房书房
3. 衣帽间
4. 内卫
5. 客房
6. 休闲区
7. 休闲阳台
8. 生活阳台
9. 卫生间

女儿房索引图

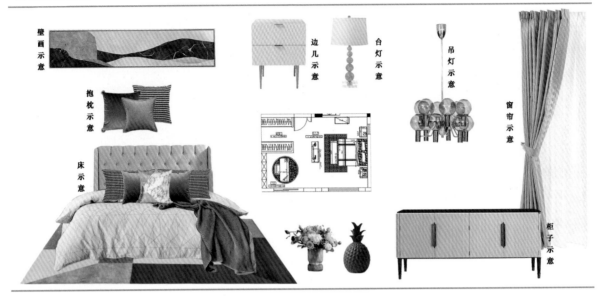

女儿房效果图

女 儿 房 床 品 图

女 儿 房 书 房

女儿房卫生间

客房效果图

外卫

露台效果图

课后练习：

根据以下户型图，设计软装方案一套。

1. 客户要求。业主一家三口，男主人为书法爱好者，女主人为中学语文老师，儿子18岁，刚考上大学中文系，一家人都喜欢中国传统文化，希望未来的新家具有中式韵味而又现代时尚。

2. 设计要求。设计方案需有封面、项目概况、灵感来源、色彩分析以及各空间的软装搭配效果图，并做成PPT形式。

▲ 美式风格软装设计拓展案例

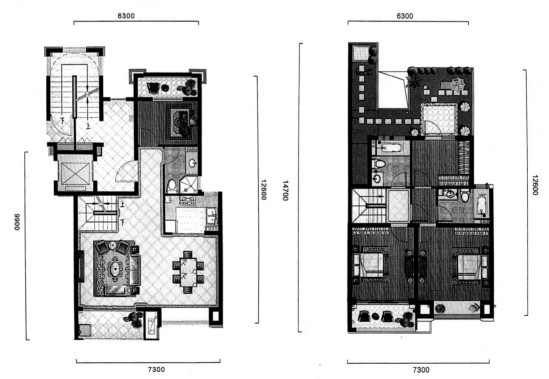

第8章

公共空间软装设计
Soft furnishing design of public space

公共空间软装所依赖的并不是艺术风格、样式、流派，而是一种
集体或群体的空间精神，它是人类整体改造自身生存环境的外部
条件……

项目一
酒店软装设计

项目分析

1. 项目设计调研

首先要对设计项目进行具体的考察，了解项目概况，包括项目所在地的地理位置、历史人文、地方工艺、地域特征和客户定位等。其次要掌握项目的硬装基础、建筑构造，包括CAD施工图、效果图及现场照片，了解硬装所用的装修材料。最后把调研信息进行汇总，并做成资料存档，为软装设计奠定基础。

2. 项目解读及风格定位

通过项目调研资料对项目进行进一步解读，明确项目的设计风格、档次、定位。根据甲方要求对项目所需的功能区域、风格定位做初步构思与设想。

3. 制作项目初步设计方案及初步预算

根据前期所做的准备，制作项目初步设计方案及初步预算，并与甲方进行沟通，修正初步设计方案，最终得到甲方的认可与肯定。

4. 制作详细的方案与预算

在初步方案得到甲方的认可与肯定后，为甲方制作出详细完整的设计方案，并制作详细的预算清单。

5. 方案的实施

最终设计方案确定后，对项目进行实施，即项目的采购与摆场。根据设计方案制作采购清单并一一采购，其中定制的产品要与厂方签下订制合同，等产品到位后，再进行摆场。摆场的顺序一般从大到小，即先摆放比较大件的家具，然后布置灯具、布艺，最后是饰品的陈设。

知识要点

1. 酒店软装设计的要点

（1）尺度

酒店是个大面积的空间，但酒店内部的每一件家具、每一个花瓶、每一件软装配饰都有自己的尺度。每件物品存在于空间中时它的尺度大小就与空间发生了必然的联系，成为了整体的一个部分。

（2）色彩的感觉

不同明度和纯度的色彩，带给人不同的感觉。软装设计师可以利用这种微妙的色彩特性来增强设计的效果。当然也必须注重色彩的运用，以使色彩协调的同时不增加累赘感或造成视觉负担，从而影响整个酒店软装配饰设计的效果。

（3）生活方式

围绕生活方式的主旋律，在满足生活实用和情感需求的前提下，酒店应以生活为导向，实现酒店社交的需求，满足旅客短暂的回归家庭的梦想。

（4）文化风俗

酒店可以突出一个地方的文化、风俗以及当地人的生活习惯等，它是文化的一个索引。应对文化风俗取其精华去其糟粕，然后将其融入到酒店的软装设计中。

（5）尊重"以人为本"的设计理念

从整个酒店软装设计的布局、风格、色彩，到酒店软装配饰的选择和摆放，都应展现人性化的魅力。人性化的软装设计为的就是使旅客在酒店得到舒适的享受、美的体验。

（6）注重氛围的营造

酒店的软装设计就是要制造出酒店特有的氛围和情调，让旅客宛若置身于家中。对不同客源、不同市场的"标准房"都需要进行相当专业化的软装设计。

2. 设计之源——文化背景

文化，奠定了人们生存发展的标准，同时也把人们的生活形态区分为不同品位。它是室内空间的灵魂。一个好的室内空间，除了让人体会到生活的便利与实用性外，还能够通过这种文化的辐射影响人们的精神生活。

软装设计其实就是文化与产品的沟通者，是一种将抽象的设计理念转换成具象的实体产品的过程。软装设计师需要通过饰品与使用者做思想上的沟通，还需最大限度地挖掘软装元素的文化表现力。因此，酒店的软装应从酒店文化着手。此外，也可从造型、材料、社会意识等方面着手，跨越时间与空间的距离，把传统的情感与现代的技术连接起来，体现出设计的文化思想。

3. 设计工具——软装元素

（1）家具

酒店家具应根据酒店风格而定，虽然不同的酒店风格各异，但在家具设计上都应具有雅俗共赏的特点。因为前来消费的是南来北往乃至全球不同国家和地区的客人，因而在家具设计的细节上更要注重人性化。酒店适宜用高硬度、耐磨、抗划性好的饰面家具、客房茶几、写字台等，设计上要尽量考虑台面的防火性能，可用具有防火性能的饰面材料或玻璃。圈椅面料要考虑阻燃。酒店的浴室大多与客房连在一起，受湿毛巾、蒸汽、季节变化等因素影响，易发生家具变形、封边脱落、霉变等情况，影响家具外观，破坏酒店的形象，直接影响酒店的入住率，因此酒店家具的防水防潮性能要好。另外一些装饰感较强的家具适合

▲ 造型简洁，色彩纯白的家具，融合在极简的装饰风格之中

▲ 造型奇特、有创意的家具往往成为酒店转角、柱旁等处的一大亮点

放在酒店的某些角落，起到装饰空间、填补空间的作用。

（2）布艺

酒店的床上用品的颜色一般选择较为素雅、柔和的中性色调，避免艳丽的颜色。窗帘、地毯的选择也应简洁大方，摈弃过多繁杂的装饰，同时应选择高品质、防火的材质，特别是地毯，一般星级的酒店不允许使用化纤材质。

▲ 酒店软装床品的选择应与酒店整体空间的风格、色调相协调。合适的布艺将使酒店更上档次、更有个性

▲ 白色的床单干净利落，米灰色的床旗与灰色窗帘靠垫、地毯达成和谐的组合，床头的吊灯发出暖暖的光芒，让入店的客人时刻感到温馨。客房房间大气整洁，让客人有入住的欲望。

▲ 海浪图案的地毯与整个邮轮的空间统一协调，并且与外部的环境遥相呼应。

（3）灯具

按照酒店灯饰的使用空间可将灯具分为：①酒店大堂或是酒店宴会厅等大型室内公共空间的装饰灯具；②小型餐厅包房或是会议厅的造型灯具；③酒店客房内使用的客房灯，包括一些壁灯和射灯；④一些公共过道或走廊使用的照明类灯具；⑤用于照射室外楼宇的灯具。

▲ 大堂空间灯具造型大气，运用国潮元素进行设计

▲ 宴会厅前厅灯具

▲ 公共走廊的灯具造型采用蜡烛造型，传统与现代的融合

▲ 餐厅灯具采用树枝造型，和空间的原木装饰相互映衬，营造古朴自然的风格

▲ 照射室外楼宇的灯具

▲ 走廊照明类灯具

（4）饰品

①工艺品。工艺品在酒店中的展示方式多种多样。当酒店室内陈设品比较丰富时，可采用展架进行陈设。展架适用于单独或综合的数量较多的书籍、古玩、瓷器、工艺品、纪念品、玩具等的陈设。需要注意的是，在布置时要求将陈设品摆放得错落有致，从酒店设计的色彩、材质等方面结合美学原则合理摆放，切忌摆放得杂乱无章，没有秩序。当工艺品被放置在桌面作装饰时，其摆放位置广泛，如茶几、餐桌、工作台、花架、化妆台等，摆放的物品主要有茶具、植物、插花、文具、书籍、陶艺、灯饰等。桌面装饰位置较低，与人的距离较近，其工艺品摆放应以不影响人的日常生活行为为原则。对于一些有实用功能的物品，其摆放的位置应便于人使用。桌面陈设一般为水平摆放，摆设的物品不

▲ 酒店常用工艺品

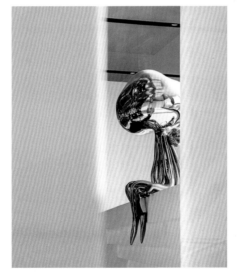

▲ 装饰品的点睛作用

应过多、过杂，否则会出现杂乱无章的效果，桌面的陈设品应是点睛之笔。

②装饰画。装饰画一般作为墙面陈设物出现在酒店装饰中。装饰画题材应根据风格来定。在布置时，首先要考虑装饰画摆放的位置，应选择较醒目、位置宽敞的墙面；其次要考虑装饰画的面积、数量，及其与墙面或邻近家具的比例关系是否合适，是否符合美学原则。挂画在酒店空间中运用广泛，巨幅的画作极易给人带来震撼感。其在酒廊、等候区、洽谈区使用较多。

▲ 画面抽象简洁，色彩搭配时尚大气

▲ 挂画在酒店空间中的运用

　　③瓷器。瓷器在酒店软装设计当中是彰显空间与文化融合的最佳办法。陶瓷艺术在酒店软装设计中占据着重要的地位，包括陶瓷装饰画、陶瓷摆件、陶瓷灯饰等。根据个人喜好和特定的软装风格对陶瓷材料进行设计与整合，可使整个酒店空间达到和谐统一。

 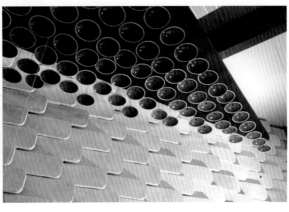

◀ 酒店中，瓷器除了可用作餐具之外，还能装饰墙面和天花。花样瓷瓶的运用也不胜枚举

④花卉装饰。花卉装饰指的是根据空间环境和装饰要求，科学地将花卉植物进行合理配置、摆放，达到空间装饰的效果。室内的花艺装饰在空间中的体现，必须考虑到空间的风格，要做到和谐统一。酒店大堂主花是酒店的门面，也是最吸引客人眼球的地方。西方流行的酒店大堂花起源于家庭大堂花，多用各色花材插制可四面观赏的半球形或圆锥形作品。一般放在大堂中的花艺作品在体积上都比较大。要根据星级酒店的装修风格，运用颜色搭配来展示花艺作品的精髓，使其成为大堂中的焦点。一般根据花材时令、季节交替变化或者是酒店盛典来做花卉的更换，还要考虑酒店后续养护工作的难度。酒店大堂插花可以是鲜切花，也可以是仿真花，当然也可以通过现在流行的永生花、多肉植物、各种质地的装饰品相互混搭，来实现不错的效果。

▶ 秀色可餐的花卉在这方寸之间发挥了无限的作用，鲜花所具有的观赏、怡神、悦人、生机盎然等特质给酒店增添了优雅的氛围

4. 设计整合——空间搭配

①大堂空间。酒店的大堂是宾客办理入住与办理离店手续的场所，是通向客房及酒店其他主要公共空间的交通中心和必经之地，是整个酒店的枢纽，其设计、布局以及所营造出的独特氛围会给客人留下第一印象，将直接影响酒店的形象及其本身功能的发挥。因此，大堂空间的软装总体搭配一定要大气。

▲ 酒店的大堂空间

②餐厅空间。该组区包括大型宴会厅（多数与大型会议厅共用，使用人数在500人以上）、中餐厅(喜宴厅)、西餐厅、风味特色餐厅、民族餐厅、小餐厅及相应的包间。

▲ 宴会厅

▲ 西餐厅

▲ 中餐厅

▲ 特色餐厅

　　③酒吧空间。星级酒店常设有咖啡厅、茶道室、酒水厅、品酒间、雪茄屋、酒吧及相应的服务间。多数星级酒店还在这个组区设有小型表演舞台及相应的演艺人员化妆间、服装道具寄存间及休息间。

▲ 酒吧空间

▲ 咖啡厅

　　④宴会会议空间。会议空间包括会议中心及相应的大型会议厅(多数酒店中与大型餐厅共用,使用人数在500人以上)、大会议室、中小型会议室、多功能厅、同声传译间、卫生间及提供与此相关服务和设备的服务人员室、仓库、设备间、DJ间。

　　⑤客房空间。客房组区包括标准双床间、单人间、双套房、三间套房、套房、高级豪华套房、商务套房、高级商务套房、总统套房、特色主题套房及客房服务人员用房、杂物间、布草间、货物通道及公共浴厕等。设计时要特别注意的是,在星级较高的酒店,往往还划分普通客房区、特色客房区、高级客房区。在特色或高级客房区设有小型俱乐部,有可以举行小型会议及沙龙的厅堂、小型餐厅、酒吧、茶道室、图书室、展览鉴赏室、美容服务室等,甚至设有小型教堂、清真寺、佛堂等宗教活动场所。

▲ 会议厅

▲ 酒店客房-1

▲ 酒店客房-2

▲ 酒店套房睡眠区

▲ 酒店套房会客区

⑥泳池康体空间。健康娱乐设施组区是酒店服务质量的重要体现。该组区包括影视厅、剧院、歌舞中心、电子游戏厅、洗浴中心(包括足疗、桑拿及蒸汽室)、体育中心及健身中心。在体育中心分别设有台球室、羽毛球厅、保龄球房、壁球房、沙壶球室、网球室、篮球室、排球室、高尔夫球场及游泳池。健身中心也广受客人欢迎，在健身中心设有运动器械健身室、瑜伽房、舞蹈健身室等。此外，该组区还设有棋牌活动中心、私人俱乐部及相应的服务员室、仓库、卫生间。

▲ 健身房

▲ 洗浴中心

▲ 桑拿房

▲ 游泳池

▲ 酒店软装设计图集

项目实施

1. 需求调研与整体方案设计

客户需求包括酒店地理位置、周边环境、历史人文、建筑面积、建筑格局、酒店档次、设计定位等，应根据客户需求确定平面布置图、设计目录、项目来源、元素提炼、整体风格等。

项目：天津万达索菲特酒店　概念展示方案设计：CCD

（1）方案封面

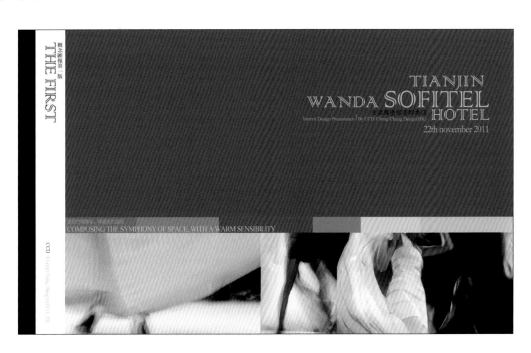

（2）目录

CONTENTS
目錄

（3）项目来源

海河

天津 TIANJIN AND HAIHE RIVER

"天津"原意"天上銀河"，天津的歷史和海河繁繁相連，從大沽口八國聯軍的炮聲響起，天津的命運就和海河生死相依，天津榮，則海河興，這是天津和海河的宿命。

水 賦予城市以靈性，一座城市最美的景色應當是水天與城市共成一色，于是就有了巴黎和塞納河；倫敦和泰晤士河；紐約、舊金山、洛杉磯和大西洋與太平洋；東京和大阪都是臨海而建；上海和黃浦江；廣州和珠江；芝加哥也有屬于她的芝加哥河及浩瀚的密歇根湖。有了水的滋潤，城市就更添幾分嫵媚與詩意。夜晚，璀璨的燈火，波光粼粼的水面，現代建築的倒影，把城市裝點得五光十色，美輪美奐。

水 幻化著至剛與至柔，水的博大和厚重，超越了江河湖海在面積上的寬廣，水無所不在，包容一切，卻又超然于一切其他的物體，水與整個世界交融而水依舊是水。

水 無時無刻不在孜孜歷著涅槃，正是水的這種永恆的流動，催生了一切生命，潤澤萬物，瀰漫塵世，凈化著人類的靈魂。

（4）项目定位

（5）元素提炼

2. 各空间软装方案设计

根据整体风格和平面布置图对各空间进行软装元素搭配，如空间概念，家具、艺术品搭配，装饰材料等。

（1）大堂吧空间

▲ 大堂吧空间概念

▲ 大堂吧家具、艺术品搭配

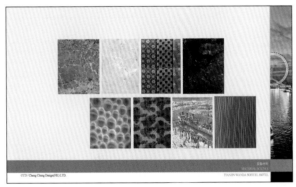

▲ 大堂吧装饰材料

▲ 大堂吧效果图

（2）红酒吧空间

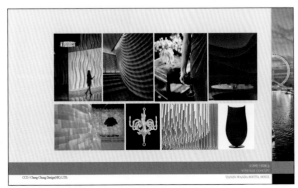

▲ 红酒吧空间概念

▲ 红酒吧家具、艺术品搭配

▲ 红酒吧装饰材料

▲ 红酒吧效果图

（3）餐厅空间

▲ 全日制餐厅空间概念

▲ 全日制餐厅家具、艺术品搭配

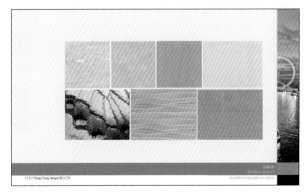

▲ 全日制餐厅装饰材料

▲ 全日制餐厅效果图

（4）宴会会议空间

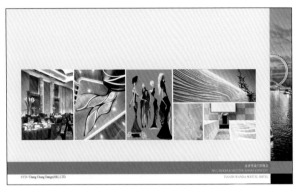

▲ 宴会会议空间概念

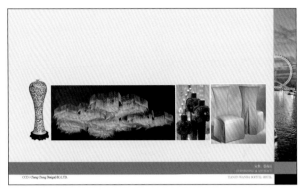

▲ 宴会会议家具、艺术品搭配

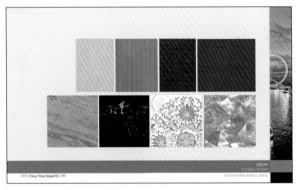

▲ 宴会会议空间装饰材料

▲ 宴会会议空间效果图

（5）贵宾接待空间

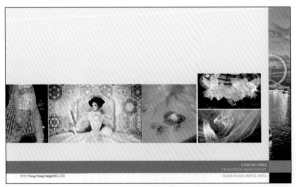

▲ 贵宾接待空间概念

▲ 贵宾接待空间家具、艺术品搭配

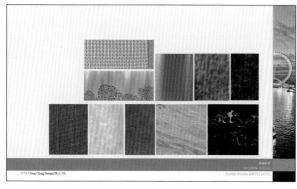

▲ 贵宾接待空间装饰材料

▲ 贵宾接待空间效果图

（6）泳池康体空间

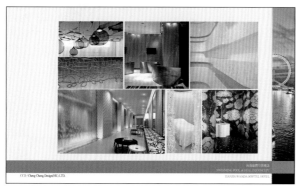

▲ 泳池康体空间概念

▲ 泳池康体空间家具、艺术品搭配

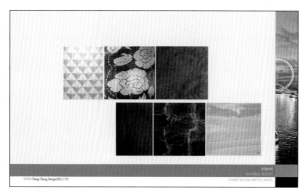

▲ 泳池康体空间装饰材料

▲ 泳池康体空间效果图

（7）客房空间

▲ 客房空间概念

▲ 客房空间家具、艺术品搭配

▲ 客房空间装饰材料

▲ 客房空间效果图

▲ 客房卫生间空间概念

▲ 客房卫生间空间效果图

项目二
主题咖啡厅软装设计

项目分析

（1）了解项目概况、硬装基础及客户要求。

（2）做好项目预算，了解咖啡厅的定位，确定主题。

（3）制作项目方案。

（4）项目的采购和摆场。

知识要点

1. 主题咖啡厅概述

主题咖啡厅是用一个或多个主题作为标志的饮食场所，设计者希望人们身临其境的时候，经过观察和联想，进入期望的主题情境，譬如"亲临"世界的另一端、重温某段历史、了解一种陌生的文化等。在主题文化的开发上，借助特色的建筑设计和内部装饰来强化主题。设计主题咖啡厅，设计师应该运用各种手段来凸显所要表现的主题，软装搭配是其中的重要组成部分。客人通过咖啡厅的环境装饰了解其倡导的主题文化，而进入主题咖啡厅所得到的特别享受，更多地来自于咖啡厅的美妙环境。因此挖掘主题文化的底蕴，需要做好主题咖啡厅环境设计，以呈现完美的效果。

2. 咖啡厅的设计理念

（1）设计之源——文化背景

当前社会是一个求新、求异的时代，表现在消费行为上就是，大众化、单一化模式已经不再符合人们的消费需求，尤其是随着社会的发展，以及人民生活水平和经济收入的提高，人们开始重新审视自己的衣食住行，并加深了对新文化、新生活方式、新思潮的关注。"咖啡文化"充斥在人们生活的每个时刻，它逐渐与时尚、现代生活联系在一起，成为时尚和潮流的代名词。消费的多元化、个性化、健康化已经成为一种趋势，在这样的消费文化背景下，主题咖啡厅成为餐饮市场中一种新的流行趋势，这种以满足消费者享受就餐环境的需求为主、吃饭需求为辅的主题咖啡厅，因其独特的经营方式很快风靡世界，装点着都市风情，成为追求高品质生活的人群的新消费时尚。主题咖啡厅的出现恰好满足了大众的消费需求，它不仅满足了人们的饮食需求，更重要的是满足了消费者精神上的需求。

▲ 空间整体色彩以暖色调为主，表现出亲近祥和的意境。米黄色是高雅宁静的色调，古旧的外观，让空间多了一份别致的神韵

（2）设计工具——软装元素

①家具。咖啡厅家具的选择应围绕整体定位，根据不同区域的局部设定来选择相应的家具，包厢与卡座一般可选择舒适度比较高的座椅，多以混搭风格的家具来凸出局部空间的主题。

▲ 卡座可以选择用沙发

▲ 散座区可以选择造型简洁、个性的座椅

②灯具。咖啡厅是一个休闲娱乐的场所，在这里人们可以放松心情，畅所欲言，所以咖啡厅的灯具选择尤为重要。灯具一般应与整体风格相协调，可以选择较为个性、能营造氛围、具有情调的创意产品。

▲ 咖啡厅灯具

◀ 咖啡厅灯具图集

③饰品。主题咖啡厅在饰品的选取上大多采用艺术陈设品。富有主题特色的饰品能体现整个空间的整体性。一些具有一定历史沉淀的电话机、照相机、放映机、老爷车、老式电风扇、煤油灯等都是咖啡厅常用的陈设品。

▲ 咖啡厅饰品

▲ 咖啡厅饰品图集

④画品。主题咖啡厅的画品也应选一些符合咖啡厅主题的，与咖啡厅风格一致的，能够完美体现主题的作品。

⑤餐具。咖啡厅的餐具选择也是软装设计中很重要的一项内容，餐具的格调影响着顾客用餐的心情，应精心挑选。要注重餐具的质感、颜色、造型、风格等，通常可以定制一整套贴合主题的有特色的餐具。

◀ 咖啡厅画品

▲ 咖啡厅餐具图集

▲ 咖啡厅餐具

⑥菜单。咖啡厅的菜单也是体现咖啡厅品位和特色的陈设品之一。精心设计的菜单会给顾客带来耳目一新的感觉，因此菜单的设计与制作也是相当讲究的。如下图所示，根据咖啡厅的风格定制了手绘菜单，手绘工艺看上去更有个性，更能提升咖啡厅的格调。

▲ 咖啡厅菜单

3. 设计整合——空间搭配

（1）空间分析

①大厅空间。大厅是整个咖啡厅的中间区域，是设备设施最齐全的大型厅堂。大厅风格一般要求简洁明快，其装修较其他空间要更明亮光鲜，通常使用大量的石材和木饰面以凸显一种历史沉淀感，这不仅反映在软装摆件上对仿古艺术品的喜爱，同时也反映在装修时对各种仿古墙地砖、石材的偏爱和对各种仿旧工艺的追求上。

②酒吧空间。酒吧空间一般分静吧区和闹吧区，附属在咖啡厅里面的封闭式酒吧空间，重复元素相对较多，比较适合作为静吧区。吧台的配置可以达到诱导的效果，同时独具特色的陈列能显示出咖啡的特性与魅力，并且品目、规格、色彩、设计、价格等元素的组合可以便于顾客的休闲娱乐。

▲ 家具的造型简单而时尚，突出了咖啡厅的功能需求

▲ 以原木为主的环境设计自然、休闲，实木材质的吧台面板给人原始淳朴的感觉。低矮的吊灯配合柔和的灯光，使顾客置于惬意的环境，享受美好时光

③散座空间。散座空间一般分布在整个大厅，适合2~5个客户群共同使用。散座通常比较灵活，可以根据人数搬移椅子。

④包厢空间。根据客人的不同需求，咖啡厅的包厢也分为大、中、小等几种。也可以根据不同的主题设计不同的包厢。

▲ 散座区室内整体空间通透、完整，桌椅摆放灵活、自由，具有一定的可变性

▲ 山水田园的气息，大气的家具造型，柔和的灯光，使整个空间显得休闲惬意

（2）色彩应用

咖啡厅的色彩运用，应该考虑到顾客阶层、年龄、爱好倾向、咖啡特性、瞩目率等问题，但冷冷的气氛，总不如温暖、温馨的氛围更加耐人寻味。温馨、柔和的颜色，总会让顾客产生舒适感，并让顾客对咖啡厅流连忘返。色彩使用得当，可以突出气氛。咖啡厅的色调可以根据其特色、文化、风格等进行选择，或冷凉、或炙热，都能给人带来不一样的感觉。但是必须避免杂乱，如背景颜色很抢眼时，选择的陈设饰品就不能太花哨，否则会让人觉得眼花缭乱，产生视觉疲劳，使顾客难以长时间驻足。

（3）光线的应用

灯光的用途是引导顾客进入，让顾客在适宜的光亮下品尝咖啡。首先，总体空间的照度不宜很高，但最低照度要让人员能够正常活动。如果光线过于暗淡，会使咖啡厅显得沉闷，不利于顾客品尝咖啡。最好选择一些带灯罩的灯具，或选择类似蜡烛的、照明范围不大的灯具，以暖色光为主，制造一个温馨、休闲、优雅的空间。也可以利用一些光影效果进行装饰。如把灯光设计为从某些植物的下面向上照射，使空间产生有趣的光影，既丰富了视觉效果，又增加了空间立体感和层次感。其次，利用光线来引起顾客对咖啡的注意。如灯光较暗的吧台，可能会使咖啡显得古老而神秘，更加具有魅力。

项目实施

1. 需求调研与整体方案设计

客户需求包括咖啡厅的地理位置、人文历史、建筑面积、整体格局、设计定位等，应根据客户需求确定平面布置图、灵感来源、整体风格、色调等。

概念展示方案：卡萨布兰卡咖啡馆软装设计　　　　　　　　设计：周琳

（1）方案封面

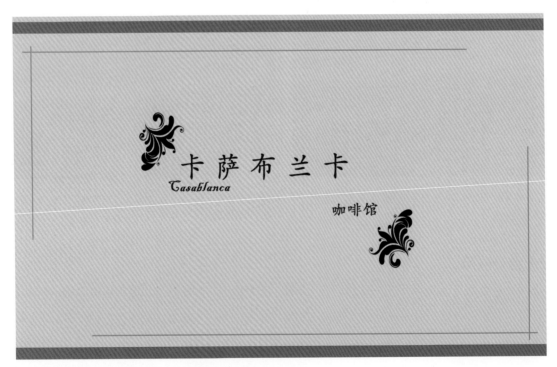

▲ 以简洁明了的背景来设计咖啡厅方案的封面

（2）目录

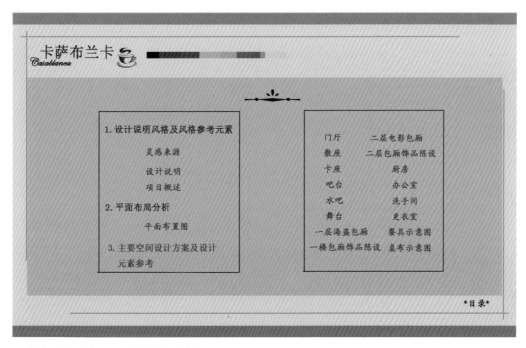

▲ 咖啡厅的目录上显示了该方案的所有条目

（3）灵感来源

▲ 灵感来自于美国电影《卡萨布兰卡》，电影里男主角里克在卡萨布兰卡开了一家酒馆，悠扬的音乐配上形象鲜明而丰满的人物，以及采用怀旧复古风格进行装饰的酒馆，总是让人追忆起过去的岁月，为此方案带来了一些灵感元素

（4）设计说明

▲ 对方案进行了简单的设计理念阐述

（5）项目概况

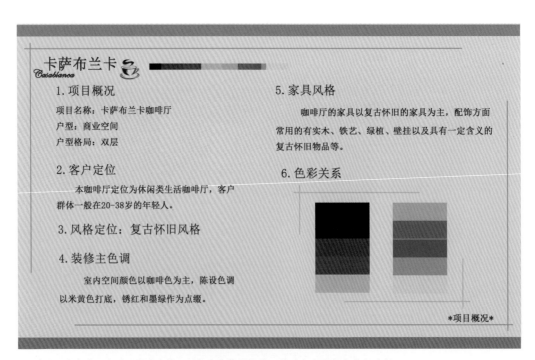

▲ 对项目的名称、户型、客户定位、风格定位等做概述，并对方案的颜色进行分析

（6）平面布置图

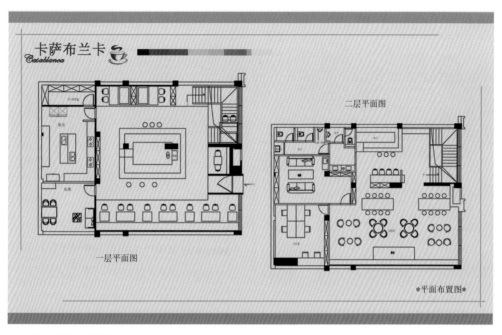

▲ 方案的整体平面图展示

2. 各空间软装方案设计

根据整体风格和平面布置图搭配各软装元素，用空间概念、墙面陈设、家具陈设、灯具陈设、饰品陈设、餐具陈设、布艺搭配等方式展示各个空间的软装设计方案。

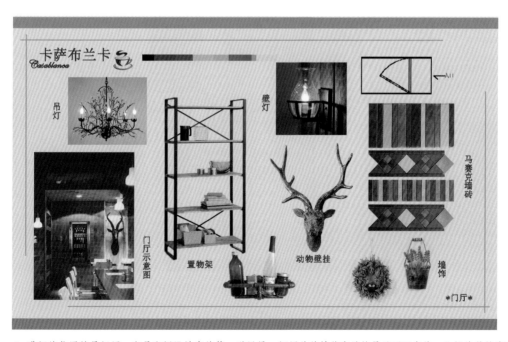

▲ 进门的位置就是门厅，它是空间设计中的第一道风景。门厅处的墙饰和壁挂是必不可少的，入门处悬挂鹿角壁饰，搭配马赛克墙砖，营造一种复古怀旧的氛围

▲ 散座区大量的绿植与窗外的阳光相呼应，若是在白雪皑皑的冬日午后，当窗外跳跃的阳光洒在身上时，喝上一杯热咖啡，配上一本书，耳中循环的是咖啡馆极富情调的蓝调音乐，无疑是一种享受

▲ 卡座区家具以原木色为主，几何造型的灯具富有创造性。配上复古的壁画和盆栽绿植，使整个区域悠闲自然又不缺乏个性

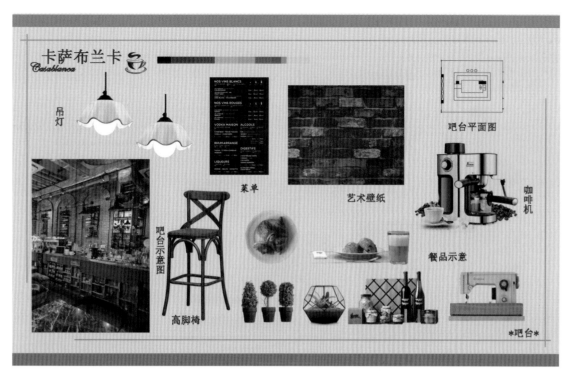

▲ 混搭风格的服务吧台是传统与复古怀旧的碰撞，以简洁的装饰手法，结合自然的韵味，来呈现亦古亦今的空间氛围。服务台背景墙贴上砖红色的艺术壁纸，与门厅的马赛克墙砖所起的作用有异曲同工之妙。实木的吧台台面与铁艺的吧凳结合，更加深了这一感觉

▲ 餐椅用创意铁艺实木制成，整体简单大方，突出酒吧的功能需求。值得一提的是酒吧区的壁炉，轻松地创造出一种温馨宜人的环境。舞台的灯光，做旧的墙饰，复古的吊灯，更是锦上添花

▲ 以"加勒比海盗"为主题的包厢，桌椅沙发等家具选用LOFT风格，简洁大方

▲ 墙上悬挂的船舵、救生圈、藏宝图、船桨等一系列装饰物突出海盗包厢的主题元素

▲ 二楼是一个电影主题包厢，在灯具方面特地选用了煤油灯来贴合主题，加上夸张的艺术壁纸和具有经典怀旧意味的家具、饰品以及昏暗的色调，使整个空间就像在播放一部经典老电影，让人不禁想坐下来细细品味

▲ 空间选用放映机、胶片、照相机等一系列复古道具，令人仿佛置身于20世纪60年代的好莱坞电影当中

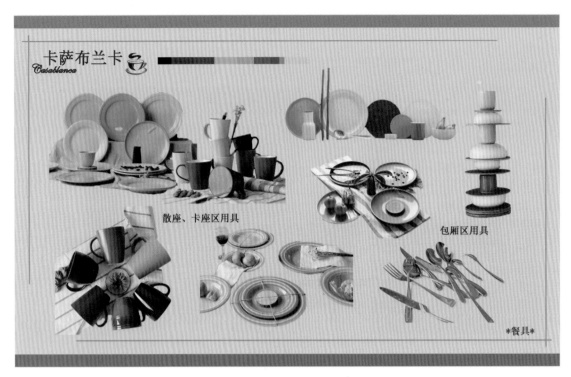

▲ 不同的区域配上不一样的餐具，使整个空间更具有条理性

▲ 包厢桌布的选用切合主题，起到点缀作用

课后练习:

根据以下平面布置图进行咖啡厅的软装设计搭配,风格不限。

要求:面向25~45岁的客户群体,消费水平中等,软装方案需有封面设计、项目概况、灵感来源、风格定位及各空间方案展示等。方案展示可以用空间概念、平面索引、效果展示等方式进行。

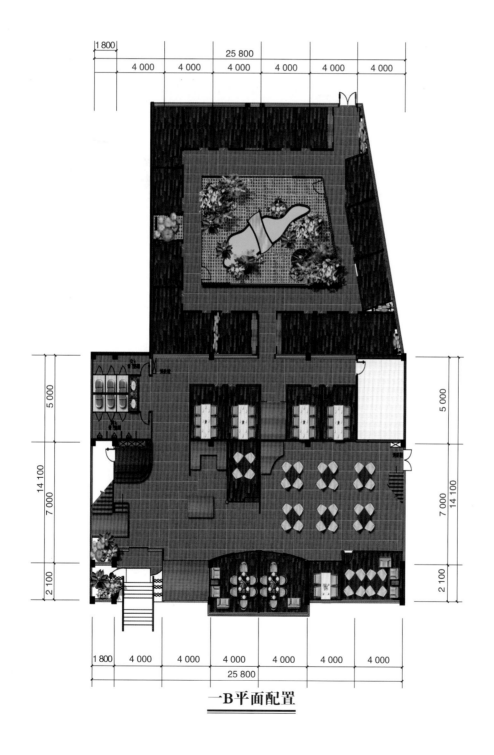

一B平面配置

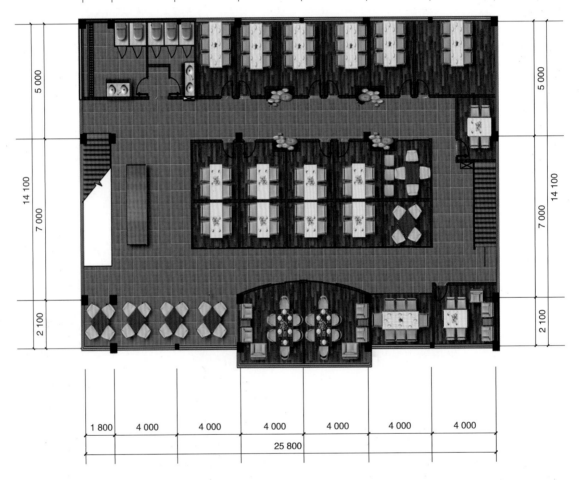

二B平面配置